사람동네
길고양이

일러두기

1. 책은 『 』로, 작품(시, 소설, 그림, 노래, 영화) 제목과 논문·신문 기사 제목은 「 」로, 신문과 잡지는 〈 〉로 구분했다.
2. 본문에 인용한 외래어 표기는 국립국어원의 표기 원칙에 주로 따랐다.
3. 참고문헌과 그 밖의 참고자료는 주에 실었고, 이에 따로 정리하지 않았다.

사람동네
길고양이
우재욱 지음
지성사

| 들어가는 글 |

혹시 자신이 사는 곳 주변에 길고양이가 몇 마리 사는지 아는 사람이 있을까? 아마 거의 없을 것이다. 주변에 길고양이가 얼마나 있는지는 많은 사람에게 관심 밖의 일이다. 그러나 자신이 사는 동네를 유심히 관찰하면 꽤 많은 길고양이가 있음을 알게 될 것이다. 사람이 사는 곳은 자연이 배제된 공간이라고 생각하기 쉽지만 많은 동물이 살고 있다. 자연환경이 곳곳에 있는 농어촌은 물론이고 도시에도 비둘기, 까치, 참새, 직박구리 등 여러 동물이 살고 있다. 그중에서 길고양이처럼 많은 관심을 모으면서 호불호가 갈리는 동물도 없을 것이다.

동네마다 길고양이를 애정으로 살피는 사람들이 있고, 더 나아가 지역마다 길고양이를 돌보는 단체들이 결성되고 있다. 반면 곳곳에서 길고양이 학대 사건이 벌어지고 있다. 길고양이에게 밥 주는 것을 놓고 주민과 캣맘 간의 갈등도 벌어진다. 또 길고양이가 새들을 잡아먹어 생태계가 교란되고 있다는 우려도 있다. 따라서 이러한 복합적인 문제를 해결하고 길고양이와 인간의 공존에 관심과 노력이 필요한 상황이다.

길고양이는 그 자체로 다양한 성격을 지닌 매력적인 동물이다. 주인에게 버려진 가엾은 동물로 보이는가 하면, 구속받지 않는 자유로운 영혼으로도 비추어진다. 쓰레기봉투를 뜯는 굶주린 청소 동물인가 하면, 날렵하게 새를 낚아채는 사냥꾼이기도 하다. 이런 면들이 인간의 상상력을 자극해 길고양이는 뮤지컬 「캣츠Cats」를 비롯한 여러 예술작품의 소재가 되었고, 최근에는 사이버공간에서도 길고양이에 관한 다양한 콘텐츠가 만들어지고 있다.

현재 길고양이는 고양이과의 최고 정복자다. 신체 능력이 탁월하지만 고양이과 동물 대부분은 인간에 의한 생태 환경 파괴로 그 수가 급격히 줄었다. 그러나 길고양이는 인간이 가는 곳이면 어디든 따라가 번성했다. 심지어 최근에 인간이 남극에 진출하자 길고양이도 그곳에 자리 잡았다. 이렇게 길고양이는 여느 동물과 달리 인간 주변에 머물며 번성하고 있다. 사람을 보면 달아나는 여느 포유류와 달리 길고양이는 안전거리만 확보되면 사람 주변에 머문다. 그래서 사람들이 먹다 버린 음식 찌꺼기는 길고양이의 몫이 되었다. 길고양이의 묘한 매력에 이끌려 사람들은 일부러 먹이를 챙겨주기도 한다. 집고양이 중 일부가 집을 나가서 길고양이가 되기도 한다. 이러한 이유로 사람이 사는 곳에는 길고양이가 있다. 인간과 길고양이는 같이 살 운명인 것이다.

내가 사는 동네 뒷산과 골목 그리고 농촌과 어촌, 공원과 산에서 길고양이를 만나 그들의 삶을 관찰하면서 많은 생각을 하게 되었다. 이러한 과정들을 정리한 이 책에는 크게 두 가지 내용이 담겨 있다. 하나는 길고양이의 삶을 소개하는 것이다. 주변에서 흔하게 접하는 동물이지만 사실 길고양이의 내밀한 삶은 잘 모른다. 관찰한 내용과 관련 자료를 정리해 독자들이 길고양이라는 동물을 이해하는 데 보탬이 되고자 했다. 다른 하나는 길고양이와 인간의 공존에 대한 것이다. 길고양이를 관찰하면서 상충되는 생각이 들 때도 많았다. 책을 쓰는 시점에서 그동안 길고양이에 관한 생각을 솔직하게 정리했다. 이러한 두 가지 줄기를 기본으로 책을 다음과 같이 구성했다.

1부에는 먼저 고양이에 대한 개괄적인 내용을 담았다. 고양이가 인간과 같이 살게 된 과정, 고양이란 동물의 행동 특성을 살폈다. 아울러 고양이를 대하는 나라마다 다른 문화를 살펴보았다.

2부에는 동네 뒷산에 사는 길고양이를 관찰한 내용을 담았다. 뒷산 쉼터에 정착한 망고 모녀와 그들을 돌보는 캣맘들의 이야기다. 캣맘들이 망고 모녀를 돌보는 모습은 무척 따뜻하고 보기 좋았다. 길고양이와 사람이 이렇게 어울려 살면 되지 않을까 싶었다. 그러나 뒷산 곳곳에 밥자리가 늘면서 길고양이들이 늘어났다. 그 과정을 지켜보며 들었던 우려도 적었다. 쉼터에 들르는 다른 길고양이들을 관찰한 내용을 곁들여 내가 지켜본 길고양이 간의 경쟁, 번식과 양육, 독립 과정도 소개했다.

3부는 동네 주택가에서 길고양이를 관찰한 내용이다. 개성 있는 여러 길고양이를 소개하면서 주택가라는 공간에서 길고양이가 어떻게 적응하며 살고 있는지도 같이 적었다. 또한 개체 수 증가를 막기 위한 길고양이 TNR(trap-neuter-return) 과정에서 느꼈던 점도 함께 실었다.

4부에는 다른 동네에서 보았던 고양이들에 대한 내용이다. 먼저 주말농사를 짓는 농촌에서 만난 고양이들로, 길고양이처럼 자유롭게 풀어 키우는 집고양이들의 살아가는 모습을 담았다. 그다음은 고양이섬이라 알려진 욕지도에서 만난 고양이들에 관한 내용이다. 그리고 북한산에서 만난 들고양이와 도시 공원에서 만난 길고양이를 관찰한 내용을 적었다. 아울러 논란이 되고 있는 들고양이로 인한 생태계 교란 문제에 대해 조사한 내용을 함께 실었다.

5부에는 길고양이가 야생동물이라는 관점에서 길고양이 생태에 대해 조사한 내용을 담았다. 도시도 하나의 야생이며 야생동물로서 길고양이의 생태적 역할, 포식자로서의 성격과 영향을 적었다. 또 고양이에게 물리는 사고를 예방하기 위해 고양이들의 표현 방식을 소개했다.

6부에서는 길고양이와 인간의 공존 방안을 다루었다. 먼저 캣맘들의 돌봄과 고양이 학대 사건, 길고양이 TNR 등에 대한 생각을 정리했다. 그리고 길고양이를 야생동물로 대하면서 절대로 간섭하지 않는 방안과 고양이 급식소를 통한 제한 급식과 TNR을 연계하는 방안을 길고양이와 인간의 공존 방안으로 제안했다. 아울러 유기 고양이 문제도 살펴보았다.

나는 출퇴근이나 산책할 때면 알고 지내는 길고양이가 있는 곳에 들르곤 한다. 초연하면서도 아름다운 그들을 보는 것은 즐거운 일이다. 몇몇 길고양이에게 특별한 애정을 느끼기도 한다. 낯선 동네에서 길고양이를 만나도 반갑다. 길고양이는 사람동네와 연결되어 있다. 만났던 길고양이들의 삶에 행운이 있기를 빌며 인간과 길고양이가 함께 잘 살 수 있기를 기원한다.

이 책을 준비하면서 만났던 캣맘들에게 감사드린다. 그들이 들려준 이야기들은 길고양이의 세계를 이해하고 인간과 길고양이의 공존에 대해 생각하는 데 많은 도움이 되었다. 그러나 길고양이와의 공존에 대한 생각이 그들과 조금 달라 마음이 불편하다. 그래도 나의 생각을 솔직하게 밝히는 것이 옳다고 생각한다.

길고양이의 행동 방식은 다양하고 복합적이어서 간명하게 정리하기 쉽지 않았다. 독자들이 이 책의 내용을 어떻게 생각할지 두렵다. 이런 어지러운 원고를 받아주고 책으로 가다듬어주신 이원중 대표님과 지성사 편집진께 진심으로 감사드린다.

아내와 두 아들에게는 점점 더 좋은 글을 쓰겠다는 다짐과 늘 힘이 되어주어 고맙다는 말을 전한다. 그리고 한없는 사랑을 주시고 지금도 하늘에서 지켜봐주실 부모님께 이 책을 드린다.

우 재 욱

차 례

3부 골목고양이

4부 다른 동네고양이

5부 길고양이는 야생동물이다

6부 길고양이와의 공존

동네고양이들이 사는 곳

쉼터
가필드
망고
콩쥐
짜장
밥이
흥부
놀부
분홍코
깜장
누룽지
백설기
타이슨
병원입구 무리
철봉이
간짜장
감나무집
이쁜이
슈렉
아즈라엘
자수
채플린
신데렐라
P
연립주택
주차장 무리
색동이
타이거
얄개
새소년
윤조

해맞이 광장
수크령
보리
수수
잭
둘리남매
둘리
희동이
도우너
또치
대학교
개나리
흰나리
흰풍구무리
못난이
장화
홍련
펠릭스
피카추
콧물
초코바닐라

1부

동네마다 있는 길고양이

SUNG

길고양이 관찰의 시작

우리나라 사람들이 좋아하는 서양화가 중에 샤갈이 있다. 몽환적이면서 동화 같은 그의 그림을 보면 왠지 마음이 따뜻해진다. 샤갈의 그림을 보면 사람 곁에 뜬금없이 이런저런 동물이 등장한다. 이 동물들은 무언가를 상징하는 매체라 한다. 예를 들어 수탉은 욕망, 비둘기는 연인, 소는 고향, 염소는 평화를 상징한다.

만약 샤갈의 그림처럼 작가의 구상을 표현하는 것이 아니라 카메라로 사람 사는 풍경을 찍는다면 등장하는 동물에 반드시 길고양이가 있을 것이다. 그리고 길고양이가 상징하는 것은 사람이 사는 동네가 될 것이다. 사람 사는 동네면 어디든 길고양이가 있기 때문이다.

인간이 사는 곳에 길고양이가 사는 것은 자연스러운 풍경이다. 당연히 내가 사는 동네에도 길고양이가 살고 있다. 동네에는 주택가뿐 아니라 조그만 동산도 있으며 그곳에도 길고양이가 산다. 길고양이를 관찰하고 싶다는 생각이 들자 가장 먼저 떠오른 것은 일 년 전에 뒷산에서 만났던 노랑

고양이 한 마리였다.

망고와의 만남

노랑 고양이 망고를 처음 만난 것은 2018년 어느 가을날이었다. 뒷산을 산책하다가 노랑 고양이 한 마리를 만났다. 본래 동물이라면 사족을 못 쓰는지라 고양이에게 다가가서 "야옹아" 하고 불러보았다. 사실 고양이가 다가오리라고는 기대하지 않았다. 길고양이는 대부분 사람을 경계하기 때문이다. 그런데 그 노랑 고양이는 "야옹"이라고 화답하며 다가와 내 손에 얼굴을 비벼댔다. 너무 귀여워 한참을 고양이 얼굴을 쓰다듬다가 발길을 뗐다.

한창 북한산 들개 관찰에 열중하던 시기인지라 망고를 본 것에 큰 의미를 두지 않고 짧은 만남으로 접었다. 북한산을 이동하며 사는 들개는 만나기가 쉽지 않았다. 어렵게 들개 관찰 결과를 정리하여 책으로 펴낸 후 나는 쉽게 만날 수 있는 동물을 골라 충분히 관찰하고 싶은 마음이 들었다. 그런 동물로 길고양이가 떠올랐다. 북한산으로 가던 발길을 내가 사는 동네 뒷산으로 옮겼다. 그리고 2019년 가을에 망고를 다시 만났다.

뒷산에는 산책하는 사람들을 위해 조그만 쉼터에 자갈로 만든 지압 발판이 설치되어 있는데, 그곳에 망고가 버젓이 누워 있었다. 지압 발판을 밟던 할머니 한 분이 기다란 풀잎으로 망고를 건드리며 장난을 걸자 망고는 두 발로 풀잎을 잡고 무는 시늉으로 화답했다. 오랜만에 만난 망고에게 "야옹아" 하고 부르자 일 년 전과 똑같이 '야옹' 하고 답하며 다가왔다. 그새

다시 만난 망고는 쉼터 지압 발판에 누워 산책객과 장난치고 있다.

나이가 들었다고 전보다는 좀 성의 없게 볼을 손에 한 번 비비고 물러나 벤치 위에 올라가 다시 누워 햇볕을 쬐었다.

내가 어루만지는 모습을 보신 할머니는 고양이 이름이 '망고'라고 알려주었다. 뒷산에 산책 오는 한 어린이 작명가가 그리 이름 지었다고 한다. 아이는 노란색 고양이의 모습에서 망고를 떠올렸나 보다. 그 후로 만난 많은 길고양이가 사람을 경계하는 것과 달리 망고는 사람을 전혀 꺼리지 않았다. 망고가 어디론가 갈 때면 나도 뒤를 따라갔다. 은밀한 고양이의 세계로 초대되는 느낌이었다. 그래 봤자 망고가 얼마쯤 갔다 원래 자리로 돌아오거나 아니면 따라갈 수 없는 장애물이 많은 경사지로 가버려서 끝까지 초대에 응할 수 없었지만 망고의 뒤를 밟으면 항상 기분이 좋았다. 사람은 굼뜬 동물이어서 다른 동물을 쫓아가는 것이 불가능한 것이 못내 아쉬웠지만.

망고는 쉼터에 들르는 사람들에게는 이미 명물이었다. 사람들은 망고가 길고양이로 태어난 것이 아니라 누군가 키우다가 그곳에 버린 집고양일 거라고 했다. 몇몇 사람이 쉼터에서 먹이를 주면서 아예 그곳에 눌러앉아 살게 되었다고 한다. 망고는 사람을 경계하지 않았다. 내가 부르면 "야옹" 하며 가까이 다가왔다. 그러나 망고는 오랜 시간 같이 있어주지는 않고 잠깐 아는 체한 뒤 다른 자리로 가서 쉬었다. 쉼터에 들르는 모든 사람에게 망고는 이와 비슷한 방식으로 대했다.

할머니 고양이 이쁜이

동네 경로당 옆에는 이쁜이란 늙은 삼색 고양이가 산다. 이쁜이가 사는 곳은 경로당 옆에 있는 출입문 앞이다. 이쁜이는 노랑·검정·하얀색 털이 골고루 섞인 고양이다. 이쁜이 귀에는 중성화 수술 표시가 있었다. 길고양이에게 중성화 수술을 하면 한쪽 귀를 1센티미터 정도 잘라 표시한다. 앞서 소개한 망고에게도 중성화 표시가 있다. 중성화 표시가 있어 이쁜이는 길고양이일 가능성이 컸다. 자기 집 고양이를 중성화 수술했다고 귀 끝을 자르는 경우는 거의 없을 테니까. 그러나 '이쁜이네'라고 적힌 고양이집에 살고 있어서 주인이 있지만 밖에 풀어놓고 키우는 고양이인 '외출냥이'일 가능성도 있어 보였다.

이쁜이집은 거리에 노출되어 있어서 지나가는 사람들이 한 번씩 이쁜이를 들여다보고 갔다. 사람들은 아는 체하며 관심을 보였지만 이쁜이는 거의 반응을 보이지 않았다. 먹이를 코앞에 가져가면 관심을 보이며 먹긴 했다. 사람을 피하지는 않았지만 망고에 비해서 이쁜이는 자기 감정 표현을 별로 하지 않았다. 눈까지 거의 감고 있어서 속내를 알기 어려웠다.

집 옆에는 "먹이 많이 주지 마세요. 비둘기가 다 먹어요"라는 안내문이 붙어 있었다. 건물 관리자가 이쁜이에게 과하다 싶게 먹이를 놓고 가는 캣맘에게 하는 말 같았다. 길고양이에게 먹이를 주는 사람을 캣맘(여성), 캣대디(남성)라고 한다. 캣맘이 캣대디보다는 훨씬 많으므로 이 책에서는 둘을 통칭해 캣맘으로 적는다.

이쁜이를 처음 만난 것은 망고를 만나기 일 년쯤 전이었다. 당시엔 이쁜이에게 어느 정도 젊은 기운이 남아 있어서인지 부르면 망고처럼 '야옹' 하고 다가와 몸을 비벼댔다. 그때는 길고양이에 대해 특별한 관심이 없었기 때문에 이쁜이를 일부러 찾지는 않았다. 망고를 만난 후 이쁜이를 떠올리고 다시 찾아갔다. 다시 만난 이쁜이는 좀 늙어 보였다. 예전엔 미묘(美猫) 삼색 고양이였던 걸로 기억하는데, 이젠 눈을 거의 감은 채로 있어 예쁘다는 느낌은 거의 없었다. 사람에게나 고양이에게나 세월은 야속하다. 이쁜이는 대부분 시간을 집에 틀어박혀 있었다. 그런데 이상하게도 몇 주 동안 사라져 보이지 않다가 다시 집에 나타나곤 했다.

이쁜이는 간혹 이해할 수 없는 행동을 보여 나를 당황하게 했다. 고양이도 치매에 걸리나? 어느 날 손을 내밀어 쓰다듬자 볼을 비비더니 갑자기 콱 물었다. 고양이가 사람이 쓰다듬는 것을 싫어한다는 말을 들어서 다음엔 그냥 손을 내밀고만 있었더니 먼저 얼굴을 내밀어 볼을 비비다가 다시 깨물었다. 정말 황당했다. 그 이후로 고양이들에게 손대는 것을 되도록 자제했고 혹시 손대더라도 경계하며 만졌다. 납득되지 않는 공격을 받을 수 있기 때문이다.

이쁜이는 어쩐 일인지 늘 눈을 감고 있다.

고양이 이름 붙이기

망고와 이쁜이에게 관심을 가지면서 이상한 일이 생겼다. 갑자기 길고양이가 눈에 많이 띄었다. 망고와 이쁜이가 사는 곳에 자주 들르자 다른 고양이들도 만나게 되었다. 망고가 사는 쉼터로 다른 고양이들이 많이 찾아왔다. 이쁜이집 근처 골목에도 여러 고양이가 살고 있었다. 고양이에 관심을 가지자 그전에는 보이지 않던 고양이가 이 산모퉁이와 저 골목에서 튀어나왔다. 동네에 이렇게 많은 고양이가 산다는 걸 그전까지는 몰랐다.

길고양이를 만나면 이름을 지어주었다. 이름을 지어준 것은 고양이 하나하나를 개성 있는 존재로 구별해 관찰하고 싶었기 때문이다. 도시에는 까치, 참새, 비둘기 등 여러 동물이 산다. 그러나 그들을 종으로만 인식할 뿐 이 참새와 저 참새, 이 까치와 저 까치를 구별하기는 정말 어렵다. 반면 길고양이는 개체를 구별할 수 있어 각각의 고양이를 알아보고 관찰할 수 있다. 그러나 만나는 고양이가 늘어나면서 나중에는 이름을 지어주는 것이 힘들어졌다. 그래서 단 한 번 만난 고양이에게는 이름을 붙이지 않게 되었다. 실제로 한 번 만난 후 다시 볼 수 없는 고양이들이 꽤 있었다.

주인 없는 고양이의 명칭

내가 만난 고양이는 거의 주인 없이 살아간다. 이런 고양이를 부르는 표준말은 '도둑고양이'다. 그러나 주인 없이 사는 고양이라고 도둑질로 사는 것은 아니다. 동물 보호에 관심이 높아지면서 '도둑'이라는 단어를 쓰는 것에 부정적인 의견이 많아졌다. 그래서 요즘은 흔히 '길고양이'라는 말을 쓴다. 다만 주인 없는 고양이가 길에서만 사는 것이 아니라 야산에도 살기 때문에 주인 없는 모든 고양이를 포괄하는 표현으로 살짝 부족한 면이 있다. 그래서 야산에 사는 고양이를 '들고양이'라고 구분해서 부르기도 한다.

그런데 들고양이도 완전한 표현은 아니다. 왜냐하면 고양이의 원종인 들고양이가 유럽, 아프리카, 서아시아 등지에 살고 있기 때문이다. 우리나라의 삵과 행동 방식이 비슷한 고양이의 원종은 자연 속에서 적극적으로 사냥하는 포식자다. 우리가 흔히 들고양이라고 하는 야산에 사는 주인 없는 고양이와는 다른 동물이다. 참고로 국립국어원의 표준국어대사전에는 들고양이가 살쾡이와 동의어로 적혀 있다. 그런데 둘은 외모와 행동 방식이 비슷하지만, 삵이라고도 하는 살쾡이는 학명이 *Prionailurus begalensis*로 고양이 원종인 *Felis silvestris*와 완전히 다른 동물이다. 삵은 귀 뒤편이 하얀

데 고양이의 원종은 그렇지 않은 것으로 외관이 구별된다. 삵도 약 5000년 전 중국에서 고양이처럼 가축으로 키웠던 적이 있지만 인간에게 훨씬 친화적인 고양이로 대체되었고, 현재 삵은 야생에만 산다.

단어 사용에 혼선이 있으므로 정리가 필요하다. 이 책에서는 우선 사람과 같이 산다는 뜻으로 붙인 '집'과 대비되는 표현으로 '길'이라는 단어를 사용해 주인 없이 사는 고양이를 '길고양이'로 통칭했다. 또한 길고양이 중 야산에 사는 고양이를 구분하며 표현할 때에만 표준국어대사전의 정의와는 다르지만 대중의 언어 습관에 맞추어 '들고양이'로 적었다. 다시 말해서 인간의 거주지와 밀접한 관계를 갖는 길고양이 중 일부가 들고양이다. 들고양이라 하지만 심산유곡에 사는 경우는 드물고 대부분 사람이 사는 곳과 가까운 야산을 오가며 산다. 깊은 산속에는 들고양이의 주요 먹이인 음식 찌꺼기를 구하기가 어렵기 때문이다. 또 산에는 담비, 삵, 너구리, 오소리 등과 같은 쟁쟁한 경쟁자들도 있다. 그래서 들고양이는 깊은 산속보다 인가 주변 야산에 훨씬 많이 산다.

또한 내가 사는 동네의 길고양이 중 주택가에 사는 길고양이를 '골목고양이', 동네 뒷산에 사는 들고양이를 '뒷산고양이'라고 구분해서 적었다. 그리고 골목고양이와 뒷산고양이를 모두 포함해서 내가 사는 동네의 고양이를 '동네고양이'라고 적었다. 요즘에는 길고양이를 좀 더 친근하게 동네고양이로 부르려는 움직임도 있다. 그리고 통용되는 단어는 아니지만, 고양이 야생 원종은 '야생고양이'라고 표현해 들고양이와 구분했다.

관찰의 시작

망고와 이쁜이를 시작으로 많은 고양이를 만나면서 동네에 사는 길고양이를 관찰하겠다고 마음을 굳혔다. 길고양이 관찰을 결심한 이유는 세 가지다. 첫째는 가까이 살기에 쉽게 만날 수 있었기 때문이다. 동물 관찰을 정말 하고 싶지만 직장인이기에 대자연으로 가서 동물 관찰에만 열중하는 것은 현실적으로 어려웠다. 그래서 여건상 지속적으로 관찰이 가능한 주변 동물부터 관찰했다. 둘째는 오지의 동물보다 주변 동물을 관찰한 내용이 사람들에게 더 의미 있고 유익하다고 생각했다. 주변 동물이 인간과 더 많은 영향을 주고받기 때문이다. 셋째는 고양이가 지닌 복합적인 성격에 매력을 느꼈기 때문이다. 고양이는 인간에게 살가운 듯하면서 초연하다. 고양이를 가축이라 생각하지만 사실 많은 고양이가 주인 없이 스스로 사는 길고양이인 점을 보면 가축이라 단정할 수도 없다.

인간과의 관계도 복잡하다. 많은 사람이 개와 더불어 고양이를 반려동물로 사랑하지만, 반면 요사스럽고 으스스한 존재로 여기기도 한다. 길고양이를 돌보는 캣맘들이 있는가 하면 이들을 동네에서 쫓아내고 싶어 하는 혐오자도 있다. 이처럼 상반된 면을 많이 가진 고양이에 대해 관찰하고 싶은 강한 충동을 느꼈다.

길고양이를 관찰하기 위해 시간이 되는 대로 뒷산을 산책하거나 동네 골목을 어슬렁거렸다. 길고양이가 밤에 행동하는 모습이 궁금해서 밤에 뒷산과 동네를 돌아다니기도 했다. 그러는 중에 여러 계절이 지나갔다. 이렇게 다른 시간과 계절에 길고양이를 만나고 관찰하고 기록했다. 길고양이 관찰은 어쨌든 그들이 사람의 거주지에 모습을 자주 나타내기 때문에 가능했다. 야생 포유류 중에서 길고양이는 인간 근처에 사는 것이 유일하게 받아들여진 동물이다. 적어도 우리나라에서는 그렇다. 인간은 다른 포유류가 자신이 사는 곳에 돌아다니는 것을 용납하지 않는다. 먹지 않으면서도 호랑이가 늑대를 죽이고 사자가 치타를 죽이듯, 인간도 사는 곳이 겹치는 동물을 제거하려 한다. 멧돼지가 도시로 내려오면 전문 포수의 총에 사살된다. 북한산 들개도 포획 전문가에게 붙잡혀 일정 기간 유기견 공고 후에 안락사당한다. 집집마다 들끓던 쥐들을 대대적인 쥐잡기 운동으로 박멸하려던 시절도 있었다.

물론 다른 동물에게 그런 것처럼 길고양이를 적대시하는 사람들이 있다. 그러나 길고양이를 좋아하는 사람도 상당히 많다. 비둘기 보호단체, 들개 보호단체, 쥐 보호단체는 없지만 길고양이 보호단체는 거의 모든 지역에 자생적으로 생겨나고 있다. 여느 동물과 달리 길고양이는 사람들의 보호 욕구를 이끌어내는 데 성공했다. 분명 갈등도 있지만 길고양이는 예외적으로 인간 주변에 사는 것이 용인되고 있다. 이런 길고양이는 언제부터 우리 곁에 있게 된 것일까?

알 수 없는 길고양이

고양이의 기원

길고양이의 기원을 알려면 고양이의 기원부터 살펴야 한다. 우리 주변에 사는 고양이의 조상은 야생에서 설치류와 조류를 사냥하며 사는 야생고양이다. 야생고양이에는 다섯 아종이 있다. 유럽야생고양이(*Felis silvestris silvestris*), 아프리카야생고양이(*Felis silvestris lybica*), 남아프리카야생고양이(*Felis silvestris cafra*), 아시아야생고양이(*Felis silvestris ornata*), 중국산악야생고양이(*Felis silvestris bieti*)로 아종 간의 유전적 차이는 미미하다.

클라우디오 오토니(Claudio Ottoni) 등이 전 세계 고대 고양이의 DNA를 비교·분석하여 2017년에 발표한 결과에 따르면,[01] 가축종 고양이(*Felis silvestris catus*)는 모두 중동과 북아프리카에 사는 아프리카야생고양이의 후손이다. 아프리카야생고양이의 가축화는 세계 최초로 농경이 시작된 서아시아의 '비옥한 초승달 지대'에서 신석기 시대에 시작되었는데, 이것으로 고양이의 가축화가 농경문명의 시작과 밀접한 관계가 있음을 알 수 있다. 농경이 시작되면서 곡식을 먹으려는 쥐들이 늘어났고 동시에 쥐를 잡아먹으려는 야생고양이가 몰려들었다. 물론 인간이 먹고 버린 음식물도 야생고양이를 끌어들였다.

고양이는 해가 되지 않고 심지어 유익하기까지 했기에 사람들은 그들이 주변에 사는 것을 용인했다. 이와 비슷한 경우로 우리 농가에서 살던 구렁이가 있다. 옛날 초가지붕에는 구렁이가 많이 살았는데 쥐를 잡아주는 유익한 동물이었기 때문에 사람들은 구렁이를 '업'이라 하며 호의적으로 대했다. 심지어 구렁이가 집을 나가면 집안이 망한다고 생각했다.

고양이와 인간의 최초 관계는 가축과 주인의 관계가 아니라 느슨한 연대였다. 고양이는 인간 곁에 살면서 자유롭게 다녔다. 그러므로 최초의 고양이들은 모두 길고양이였다. 그러다 쥐를 잡아주고 모습도 아름다운 이 동물을 가까이에서 키우고 싶은 생각에 사람들은 고양이 중 몇 마리를 집안에 들여와 집고양이로 키웠다. 그런데 고양이는 쥐를 잡아야 했으므로 여느 가축과 달리 우리에 갇히거나 묶여 있지 않았다. 그래서 지금까지도 자유롭게 돌아다니며 길고양이와 집고양이의 경계를 넘나들며 살고 있다.

고양이의 가축화는 고대 이집트 문명에서 가속화되었다. 고대 이집트에서는 고양이를 특별히 신성하게 여겨 많은 고양이를 키웠다. 비옥한 초승달 지대와 이집트에서 가축화된 고양이는 배를 타고 다른 지역으로 확산되었다. 오토니 등은 항구도시에서 발견된 고양이 화석의 DNA 분석을 통해 가축화된 고양이의 확산이 배를 통해 이루어졌음을 밝혔다. 배에 있는 식량을 쥐로부터 지키기 위해 고양이를 배에 싣고 다녔기 때문이다.

오랫동안 집고양이의 존재를 최초로 보여주는 사료는 기원전 1500년 이전의 이집트 그림이었다. 그런데 키프로스섬의 실루로캄보스 마을에서 발견된 9500년 전 유적에서 사람과 함께 머리를 같은 방향으로 하고 묻힌 새끼 고양이의 유골이 발굴되었다. 돌도끼와 부싯돌 같은 부장물과 함께 묻혀 있는 것으로 보아 고양이는 이미 사람들의 생활에서 중요한 의미가 있었던 것으로 보인다. 그런데 키프로스에는 원래 야생고양이가 없었다. 따라서 당시 메소포타미아 지방에서 배를 타고 키프로스로 이주했다고 볼 수 있다.[02] 키프로스의 유골을 근거로 유추해보면 인간과 고양이가 함께 산 기간은 적어도 9500년 이상이다. 개의 가축화가 적어도 1만 5000년 이전인 것에 비하면 짧지만 상당히 오래전에 고양이는 가축이 되었다.

동물의 가축화는 대략 다음과 같은 과정으로 이루어진다. 자연에 사는 원종 중 일부 개체가 먹이가 풍부한 인간의 거주지 주변으로 이동해 정착한다. 서식지를 확보한 그들은 자연에 남겨진 원종이 인간 거주지 주변으로 오지 못하도록 영역을 방어하면서 원종과 유전적으로 고립된 군집을 형성한다. 그리고 그 군집 중 일부를 인간이 받아들여 함께 살게 되면서 가축이 된다.

고양이도 이와 같이 야생고양이 중 일부가 설치류와 음식 찌꺼기가 풍부한 인간 거주지 주변으로 접근해서 정착했다. 그중 일부는 곡물을 쥐로부터 지키고 싶은 인간에 의해 집고양이가 되었다. 그리고 그 나머지는 집고양이가 아닌 상태, 즉 길고양이로 남았다. 이것이 길고양이가 우리 주변에 있게 된 유래다.

그런데 집고양이와 길고양이는 유전적으로 전혀 다르지 않다. 여느 가축과 달리 인간에 의한 번식 통제가 이루어지지 않기 때문이다. 다른 가축은 묶거나 가두어 사육했으나, 고양이는 쥐를 잡기 위해 풀어서 키웠다. 행동을 통제하지 않았기 때문에 가축화가 덜 진행되었다. 쥐잡기보다는 반려동물로 가치가 중요한 지금도 고양이를 풀어서 키우는 집이 꽤 많다. 덕분에 고양이는 발정을 하면 주인의 의사와 상관없이 어디론가 사라져 마음대로 짝짓기를 한다. 따라서 품종을 개량하거나 유지하기가 어렵다.

예를 들어 미국의 고양이 중 품종이 유지되는 비율은 3퍼센트에 불과하다. 도시와 근교에 사는 집고양이의 40퍼센트가 마음대로 집 안팎을 들락거리고, 시골에서는 거의 100퍼센트가 자유롭게 오가며 산다. 자유롭게 오가며 번식하기 때문에 집고양이와 길고양이는 계속 교잡하며 유전자풀(gene pool)을 공유한다. 고양이의 번식을 통제하는 것은 불가능하다.[03]

길고양이와 집고양이는 유전자만 교류하는 것이 아니라 사는 장소도 어느 정도 공유한다. 집고양이의 3분의 1 정도는 길고양이 출신이다.[04] 사람들이 거두어 키우기도 하지만 흔히 '집사 간택'이라고 표현하듯 고양이가 사람의 집을 살 곳으로 정하고 스스로 들어와 살기도 한다. 또한 길고양이 중 많은 수가 버려진 집고양이 출신이다. 집고양이가 스스로 나가서 집으로 들어오지 않는 경우도 길고양이가 된다. 이러한 고양이의 이동은 당연히 집고양이와 길고양이 간의 유전자 교환으로 이어진다.

유전자를 공유하므로 집고양이와 길고양이는 기본적인 기질이 동일하다. 고양이는 인간의 도움 없이 스스로 살 수 있는 야성이 있다. 실제로 고양이 중 훨씬 많은 수가 집고양이가 아니라 길고양이다. 따라서 고양이란 종의 본체는 집고양이가 아니라 길고양이며 단지 일부만 가축으로 산다. 그리고 집고양이와 길고양이의 유전자 교류로 그 야성은 그대로 유지된다. 따라서 모든 고양이는 야생동물과 같은 야성을 지니고 있다. 단지 환경과 경험에 따라 개체별로 성격 차이가 생길 뿐이다.

기본적으로 고양이는 인간의 통제를 받지 않고 스스로 산다. 고양이가 길들여지지 않는 것은 무리생활을 하는 동물이 아니기 때문이다. 개, 소, 말 등의 가축은 그 원종이 야생에서 강한 사회성을 가지고 무리생활을 했다. 그래서 인간을 그들 무리의 일원이자 리더로 받아들이고 그 통제에 따른다. 그런데 고양이의 원종인 야생고양이는 혼자 사는 동물이다. 암컷 야생고양이는 대략 2제곱킬로미터의 배타적 영역을 갖고 있으며, 다른 암컷은 그 영역에 들어갈 수 없다. 수컷의 영역은 대개 암컷 몇 마리의 영역에 걸쳐 있다.[05] 독립생활을 하는 원종에서 유래한 고양이에게 인간은 같은 무리의 동료가 아니며 자기보다 높은 지위에 있는 리더는 더더욱 아니다. 그냥 동등한 이웃일 뿐이다. 고양이는 그런 인간의 통제를 따르고 싶은 마음이 전혀 없다. 이처럼 인간의 통제를 받지 않는 점에서 고양이는 가축이 아니라 서식지를 인간과 공유하는 야생동물이라 할 수 있다.

원종이 무리생활을 하지 않은 고양이는 다른 가축처럼 보상과 체벌을 통해 훈련하는 것이 어렵다. 반면 개는 보상과 처벌을 통해 쉽게 훈련된다. 무리생활을 하는 개에게 보상은 리더의 인정으로 받아들여지고 처벌은 비난으로 느껴진다. 그러나 리더와의 서열 관계가 없는 고양이에게는 전혀 그런 개념이 적용되지 않는다. 만일 고양이를 야단치면 맞서서 대들거나 멀리 도망간다. 처벌을 받아들이고 자신의 행동을 고쳐서 무리에 머무르려는 본능 자체가 없기 때문이다. 먹이와 같은 보상도 별 효과가 없다. 단독생활을 하는 고양이는 아주 오랫동안 굶을 수 있다.[06]

고양이가 강한 야성을 가지고 있음에도 일정 정도 가축화한 것은 원종인 야생고양이가 상대적으로 성품이 온순하기 때문이다. 다른 고양이과 동물은 극도로 인간을 경계하고 성질이 사납다. 그러나 고양이의 원종인 야생고양이는 온순하고 공격성이 낮다. 대부분의 야생고양이는 인간을 멀리하려 하지만 비교적 덜 두려워한다. 일부는 사람을 따라오기도 하며 집고양이와 짝짓기도 한다. 그들은 사람들 사이에 있어도 그다지 불안해하지 않고 먹이를 먹고 번식한다. 이런 특징이 야생고양이를 인간의 마을 주변에 오게 했고 나아가 인간의 집 안으로 들어가 살 수 있게 했다.[07]

고양이는 야생고양이와 다르다

야성을 그대로 간직한 고양이는 야생의 원종과 신체적으로 뚜렷한 차이가 없다. 개, 소, 양, 염소 등의 가축은 야생종과 뚜렷한 신체적 차이를 보인다. 예를 들어 개와 늑대의 두개골은 확연히 다른 모습이다. 반면 야생고양이와 집고양이는 그 차이가 거의 없다. 개와 늑대는 유전자에서도 분명한 차이를 보인다. 그러나 야생고양이와 집고양이는 거의 차이가 없어 유전자 배열에서 세 개 내지 다섯 개의 뉴클레오티드 치환만 보일 뿐이다. 이 정도의 변이는 야생고양이와 집고양이 집단 내부에서도 나타난다. 따라서 야생고양이와 집고양이는 유전적으로나 해부학적으로 차이가 없는 완전히 동일한 종이다.[08]

그러나 야생고양이와 집고양이의 유전자에 차이가 있다는 연구 결과도 있다. 미국 워싱턴 대학교 게놈연구소 등 다국적 공동연구팀의 2014년 연구 결과에 따르면 야생고양이와 집고양이는 신경계에 관여하는 유전자 13개에서 차이가 있다고 한다. 이들은 주로 기억과 공포 반응, 보상회로에 관여하는 유전자들이다.[09] 이러한 유전적 차이로 인해 인간에 대한 공포가 감소하고 인간이 주는 먹이 보상에 적응되었을 가능성이 있다.

공포 반응과 관련된 유전자의 변화 때문인지 고양이는 야생고양이에 비해 훨씬 인간에게 사교적이며 친근하게 애정을 표현한다. 애정 표현을 잘하는 고양이를 개에 빗대어 '개냥이'라고 부르기도 한다. 또한 보상과 관련된 대뇌신경이 발달한 까닭인지 고양이를 클리커 트레이닝으로 어느 정도 훈련시킬 수 있다. 원하는 행동을 하면 클리커를 눌러 소리를 내며 먹이로 보상하면 '앉아', '하이파이브', '돌아', '굴러' 정도의 명령에 따르게 할 수 있다.[10]

신체적 변화도 있다. 가축화된 동물은 야생종에 비해 뇌의 크기가 작다. 고양이도 뇌가 야생고양이의 3분의 2 정도밖에 안 된다. 안정된 환경에서 머리를 덜 쓰게 되면서 뇌가 줄어든 것이다. 특히 투쟁 · 도피 반응을 담당하는 뇌 부위가 줄어들어 인간과 친하게 지낼 수 있게 되었다. 또한 야생 원종에 비해 다리가 많이 짧아졌고 울음소리도 다정해졌다. 그리고 야생고양이에 비해 장도 길어졌다. 완전한 육식동물에서 고기가 섞인 음식 찌꺼기도 먹을 수 있게 변한 것이다.[11]

고양이의 털색

고양이와 야생고양이가 외형에서 가장 큰 차이를 보이는 것은 털색이다. 야생고양이는 회색 바탕에 검은 줄무늬가 있는 털색으로, 야생에서 보호색 역할을 한다. 그러나 고양이는 다양한 털색 변이를 보인다. 고양이는 노란색, 검은색, 흰색 등 다양한 색의 털을 지니고 있으며 색이 선명해서 보호색과는 거리가 멀다.

고양이마다 다른 털색은 개체를 구별해 알아보는 데 유용하다. 고양이 작가 이용한이 쓴 『길고양이 안내서』에는 우리나라 토종 고양이 코리안쇼트헤어(Korean Shorthair)가 털색에 따라 일곱 가지 모습으로 분류되어 그려져 있다.

'노랑이'는 털색이 노란색 고양이며 줄무늬와 얼룩무늬가 있다. '고등어'는 짙은 회색을 띠며 줄무늬 모양이 고등어 껍질 무늬를 닮았다. 짙은 회색이 줄무늬가 아닌 얼룩무늬로 나타나는 개체도 있다. '삼색이'는 흰색·검은색·노란색이 모두 비교적 가지런한 고양이다. '카오스'는 삼색이 불규칙하게 번져 있는 고양이인데 흰색 없이 검은색과 노란색만 있는 개체도 있다. '턱시도'는 검은색 털에 턱시도처럼 가슴과 얼굴 일부가 하얀색이다.

'젖소'는 말 그대로 젖소처럼 흰색과 검은색 얼룩무늬가 섞여 있다. '올블랙'은 모든 털이 검은색이다.[12] 내가 만난 길고양이들도 대부분 이런 유형으로 분류할 수 있었다.

이렇게 다양한 털색은 어떻게 생긴 것일까? 야생고양이와 확연히 다른 고양이의 털색은 원래 열성 유전자로 감추어져 있었다. 혹 발현되어도 자연 상태에서 눈에 잘 띄어 생존에 불리하고, 발현 비율도 미미해 전체 야생고양이 군집에 영향을 주지 못하고 사라졌다. 그러나 인간 주변에 살면서 다양한 털색이 마음껏 발현되었다. 특히 사람이 선호하는 털색이 예쁜 고양이는 가축이 되어 더 오랜 수명을 누리며 더 많은 유전자를 퍼뜨렸다.[13]

고양이의 털은 기본적으로 노란색·검은색·흰색이다. 이 중 노란색과 검은색은 X염색체에 의해 발현되는데, 하나의 염색체에 한 가지 색의 유전자만 있다. 따라서 성염색체가 XY인 수컷은 두 색 중 하나의 색만 나타나며, 성염색체가 XX인 암컷은 두 가지 색이 동시에 나타날 수 있다. 따라서 노란색과 검은색이 모두 나타나는 고양이는 모두 암컷이다. 예외적으로 극소수 수컷 중에 삼색이가 있는데, 이런 고양이는 행운의 상징으로 여겨 과거 일본에서는 배에 서로 태우려 했다고 한다. 흰색을 발현하는 유전자는 상염색체(성염색체가 아닌 일반 염색체)에 있는데, 검은색과 노란색의 발현을 억제한다. 즉 흰색은 특정한 색이 아니라 검은색과 노란색이 나타나지 않는 것을 의미한다. 이처럼 고양이 털색은 노란색·검은색·흰색의 발현과 섞임 정도에 따라 다양한 모습으로 나타난다.

우리나라 고양이는 털색이 예나 지금이나 모두 흰색·검은색·노란색의 조합이다. 조선 시대의 그림에서도 지금과 같은 고양이의 모습을 볼 수

노랑이

고등어

삼색이

턱시도

카오스

올블랙

젖소

있다. 변상벽이 그린 「묘작도(猫雀圖)」에는 고등어 유형의 고양이 두 마리가 있고, 「영모도(翎毛圖)」에는 젖소 유형의 고양이가 있다. 조지운의 작품으로 전하는 「유하묘도(柳下猫圖)」에는 노랑이, 고등어, 젖소 유형의 고양이들이 모두 그려져 있다. 따라서 우리나라 길고양이는 대부분 코리안쇼트헤어의 털색이다. 집에서 페르시안고양이, 러시안블루, 샴고양이 같은 외국 품종도 키우지만, 길고양이 중에서 이들을 닮은 개체는 드물다. 유기되는 외래 품종 고양이가 비교적 적고, 우리나라 기후에도 맞지 않아 우선적으로 도태되기 때문이다.

고양이 행동의 융통성

고양이의 특징은 행동이 하나로 고정되지 않고 여건에 따라 유연하게 변한다는 점이다. 어중간하게 가축화가 이루어진 고양이는 가축과 야생동물의 모습이 뒤섞인 다양한 행동을 보인다. 사람을 대하는 행동에서도 상반된 모습을 보인다. 사람에게 살갑게 다가오는가 하면 강한 경계심을 보이기도 한다. 또 사람에게 의존적이면서도 냉담하다.[14] 이런 모습에 사람들은 매력을 느끼기도 하고 거부감을 나타내기도 한다.

고양이는 먹이 활동에서도 융통성을 보인다. 특정 먹이만 고집하지 않고 사는 환경에 따라 얻을 수 있는 먹이를 취한다. 도시 지역에서는 음식 찌꺼기를 많이 먹으며 농촌 지역에서는 상대적으로 쥐를 잡는 비율이 높다. 조류도 중요한 먹이인데 주로 땅 위나 물가에 모이는 새를 사냥한다. 오

17세기 조지운 작품으로 전하는 「유하묘도」(출처 : 국립중앙박물관)

스트레일리아나 뉴질랜드의 목장 지역에서는 외래종으로 유입된 토끼를 주로 사냥한다.

고양이는 영역 활동도 다양해서 먹이 조건에 따라서 영역의 넓이가 달라진다. 일반적으로 먹이가 부족할수록 이동거리가 길다. 시가지에 사는 길고양이보다 야산에 사는 들고양이의 영역이 넓다. 성별로는 수컷의 영역이 암컷의 영역보다 넓다. 사는 장소도 주택가와 야산, 습지 등 다양하며 여러 서식지를 오가며 살기도 한다.

고양이는 무리 활동에서 상반된 모습을 동시에 보인다. 고양이는 호랑이처럼 홀로 사는가 하면 사자처럼 무리 지어 사는 융통성을 보인다. 원래 고양이과 동물 대부분은 호랑이처럼 단독생활을 한다. 원종인 야생고양이는 다른 개체와 영역을 공유하지 않는다. 특히 동성에 대해서는 매우 배타적이다. 고양이도 기본적으로는 혼자 활동하기 좋아하며 영역 내에 다른 고양이가 들어오는 것을 불편해한다. 그러나 집고양이만이 아니라 길고양이가 같은 종족과 무리생활을 하는 것을 자주 볼 수 있다. 우리나라 도시에서도 골목골목에 길고양이들이 무리 지어 있는 것을 볼 수 있다. 길고양이는 먹이가 부족한 곳에서는 주로 단독생활을 하지만 쓰레기장이나 어촌처럼 다량의 먹이가 안정적으로 공급되는 곳에서는 무리생활을 하는 경우가 꽤 있다.

길고양이를 대하는 모순된 행동

늘어나는 길고양이

고양이는 전 세계에서 번성하고 있다. 고양이는 개와 더불어 가장 인기 있는 반려동물이다. 북미 지역에서는 개보다 고양이를 더 많이 키운다. 유럽과 일본도 마찬가지다. 우리나라에서는 개를 고양이보다 많이 키우지만 고양이를 키우는 사람의 수가 점점 늘고 있다. 한국펫사료협회의 조사에 따르면, 우리나라에서 개 680만 마리, 고양이 191만 마리를 키우는 것으로 추정된다(2018년 기준). 개에는 미치지 못하지만 고양이를 많이 키우고 있다.[15]

고양이가 반려동물로 인기가 많아진 주요 원인은 도시화와 1인 가구의 증가다. 주인이 없을 때 혼자 남겨진 것을 힘들어하는 개에 비해 고양이는 혼자서도 비교적 잘 지낸다. 미용, 산책, 놀아주기 등 많은 시간을 할애해야 하는 개와 달리 고양이는 스스로 그루밍(grooming)을 하고 적절한 장난감만 있으면 특별히 손이 가지 않는다. 고양이는 조용하고 배설물을 잘 가리며 덩치도 작다. 고양이는 여러 면에서 현대 도시인이 반려동물로 같이 살기에 좋다.

반려동물로 키우는 고양이가 늘어나면서 길고양이의 수도 많아졌다. 전 세계 고양이 수는 6억 마리 이상이며 계속 늘어나고 있는데, 그중 길고양이가 집고양이보다 훨씬 많다. 오스트레일리아의 길고양이는 1800만 마리로 집고양이의 여섯 배나 된다.[16] 다른 나라의 사례에 비추어보면 우리나라의 길고양이는 적어도 191만 마리보다 훨씬 많을 것이다. 음식 찌꺼기가 풍부한 대도시 지역에서 길고양이의 밀도가 더 높다. 2015년 서울시가 12곳을 조사하여 추정한 바로는 서울의 길고양이는 최대 20만 마리로 집고양이 7만~9만 마리의 2배가 넘었고, 길고양이의 밀도는 제곱킬로미터당 441마리였다.[17]

우리나라에서 길고양이가 늘어난 중요한 발단은 고양이 유기다. 1960~1970년대 쥐잡기 운동이 끝난 후 쓸모가 없어진 고양이를 많이 버렸다. 또 가옥 구조가 단독주택에서 아파트나 다세대주택으로 바뀌는 과정에서 많은 고양이가 버려졌다. 지금도 키우기 어렵다는 이유로 많은 고양이가 버려지고 있다. 기르는 고양이가 많아지면서 고양이 스스로 집을 나가는 경우도 늘어났다. 영역 동물인 고양이는 성장하면 어미 역할을 한 인간으로부터 독립해 새로운 영역을 확보하려는 경향이 있다. 또 번식기에 발정해 나갔다가 집으로 돌아가지 않거나 다른 고양이 무리에 합류하는 등 다양한 원인으로 길고양이가 된다. 이렇게 버려지거나 스스로 나간 고양이들이 번식하면서 길고양이 수는 폭발적으로 늘어났다.

길고양이를 보는 상반된 시선

길고양이를 대하는 방식은 지역마다 다르다. 그리고 사람이 길고양이를 어떻게 대하는지가 그 지역의 길고양이가 사람을 대하는 방식을 결정한다. 사람이 길고양이를 호의적으로 대하는 지역에서는 길고양이도 사람을 별로 경계하지 않고, 길고양이를 나쁘게 보는 곳에서는 길고양이도 사람을 회피한다. 물론 같은 지역 사람들 사이에서도 길고양이에 대한 호감과 비호감이 혼재한다.

사람은 고양이에게서 두 가지 상반된 얼굴을 본다. 『거실의 사자』의 저자 애비게일 터커는 인간은 고양이에게서 그들이 가장 사랑하는 아기의 얼굴과 원시 인류가 가장 무서워한 고양이과 맹수의 모습을 같이 본다고 말한다.

고양이의 모습은 인간의 아기를 닮았다. 고양이는 인간의 아기처럼 얼굴이 동그랗고, 볼이 통통하며, 넓은 이마에 눈이 크고, 코가 작다. 아기의 얼굴을 보면 사람에게는 그들을 돌보도록 옥시토신 호르몬이 분비된다. 그런데 비슷한 모습의 고양이를 볼 때도 동일한 반응이 일어나 애정을 느끼고 보호하고 싶어진다. 반려동물을 키우는 행위는 양육 본능이 변화된 것이라고 한다. 반려동물을 부를 때 사람들은 아기에게 하는 것과 같은 말투로 말한다. 실제로 반려동물을 '아이'라고 부르고 주인인 본인을 '엄마', '아빠'라고 하는 경우도 많다.

고양이의 몸집은 보통 3킬로그램이 조금 넘는 정도로 갓난아기의 체구와 비슷하다. 다르게 느끼는 사람도 있겠지만 고양이의 야옹 소리도 아기의 울음소리와 비슷하다. 그래서 사람들은 굶주린 길고양이를 보면 마치 배고픈 아이를 보는 것처럼 매정하게 외면하기 어렵다. 똑같이 먹이를 찾기 위해 분투하는 까치나 참새에게는 연민을 느끼지 않는 것과 대조된다. 옥시토신 분비를 촉진하는 고양이의 이러한 특징은 특히 양육 본능이 강한 여성에게 더욱 큰 영향을 미치는 것 같다.[18] 그래서인지 캣대디보다는 캣맘이 압도적으로 많다.

그러나 어떤 사람은 고양이에게서 아기의 얼굴이 아니라 고양이과 맹수의 모습을 본다. 고양이과 동물은 덩치의 차이만 있을 뿐 얼굴과 체형이 유사하다. 고양이는 호랑이의 축소판이다. 고양이과 맹수는 원시 사회에서 인류에게 가장 무서운 천적이었고 그 두려움은 여전히 인간의 DNA에 남아 있다. 그래서 인간은 고양이에게 애틋한 애정과 상반되는 적대감을 느낀다.

고양이는 얼굴만이 아니라 행동에서도 상반된 모습을 보인다. 사람에게 다가와 친근함을 표하지만 야생동물처럼 사람의 명령을 따르지 않는다. 먹이를 달라고 다가와 조르지만 원하는 것을 얻으면 쌩하고 돌아서는 매정함을 보인다. 단독생활 동물인 고양이는 모든 것을 스스로 결정하므로 인간의 감정을 고려하지 않고 독자적으로 행동한다. 이런 모습은 흔히 무리생활 동물인 개와 비교된다. 사람에게 복종하고 일관된 충직함을 보이는 개와 비교하며 고양이를 싫어하는 사람이 많다. 반면에 개처럼 주인의 사랑을 받으려 안달하지 않고 주체적으로 사는 고양이에게 오히려 매력을 느끼는 사람도 많다. 개와 인간의 관계가 서로 이끌리는 사이라면 인간과 고양이의 관계는 인간이 일방적으로 이끌리는 면이 강하다. 고양이의 알쏭

달쏭한 행동과 매혹적인 아름다움에 인간은 신비감을 느끼고 이끌린다.

이렇듯 인간의 양가감정으로 인간은 역사와 시대에 따라 상반된 모습으로 고양이를 대했다. 고양이는 고대 이집트에서 칭송을 받았지만 중세 유럽에서는 학대받았다. 현대에도 이슬람 국가에서는 보호받는 반면 우리나라에서는 고양이 학대 사건이 심심치 않게 발생한다.

고양이가 최초로 번성한 지역인 고대 이집트에서는 고양이가 사랑을 넘어 숭배받았다. 이집트의 바스테트 여신은 고양이 머리에 인간의 몸으로 형상화되었고, 고양이를 바스테트 여신의 화신으로 여겨 신성하게 받들었다. 그리스의 역사가 헤로도토스가 바스테트 신전이 있던 부바스티스를 방문하고 기록한 내용에는 4~5월에 무려 70만 명의 사람이 나일강을 따라 배를 타고 바스테트 신전을 찾았다는 대목이 있다. 도중에 들르는 강변 마을은 남녀들이 노래하고 춤추며 심지어 옷을 벗어 던지고 벌거숭이가 되기도 하는 등 기묘한 분위기였다 한다. 고대 이집트에서는 많은 사람이 고양이를 키웠으며 고양이가 죽으면 가족 모두 눈썹을 밀고 상복을 입었으며, 고양이의 사체를 미라로 만들어 고양이 전용 지하 공동묘지에 안치했다. 이집트인은 고양이가 지닌 아름다움·유연함·다산·신비로움을 무척 긍정적으로 생각했다.[19]

서양인은 고양이에 대해 혼재된 시각을 가지고 있다. 중세와 근대 유럽에서는 고양이를 마녀와 같은 부류로 여겼다. 여자 점쟁이나 샤먼을 마녀사냥으로 죽이면서 그들이 키우던 고양이도 함께 불태워 죽였다. 흑사병이 한창일 때는 고양이가 흑사병을 옮긴다고 여겨 죽였다. 그런데 고양이에 대한 호감도 있었다. 마녀사냥으로 고양이가 불타 죽던 중세에 수도원에서 고양이는 인기 있는 동물로 키워졌다. 물론 일반 가정에서도 고양이를 키우는 경우가 많았다. 근대에 들어 항해가 늘어나면서 배 안의 쥐를 잡는 고양이는 마스코트 같은 존재로 사랑받았다. 각 가정에서도 고양이를 친근한 동물로 사랑해 몇몇 서양 국가에서는 개보다 고양이를 더 많이 키웠다. 그러나 에드거 앨런 포의 『검은 고양이』에서 보듯 고양이를 불길하게 보는 시각이 근·현대에도 있다. 지금도 오스트레일리아에서는 유대류 중심의 고유 생태계를 해친다는 이유로 매년 많은 길고양이가 살처분되고 있다.

고양이에 대한 호감과 비호감이 같이 있는 서양과 달리 이슬람권에서는 고양이에 대한 호감이 강하다. 이슬람권의 고양이 사랑에는 이슬람교 창시자인 무함마드의 영향이 크다. 무함마드가 잠들었을 때 접근한 독사를 고양이가 물리쳐 목숨을 구해주었다는 전설이 있다. 무함마드는 이런 고양이를 무척이나 아껴서 기도 중에 고양이가 옷자락 위에 올라와 잠들자 깨우지 않기 위해 옷자락을 칼로 자르고 일어섰다고 한다. 무함마드의 고양이 사랑은 이슬람권 전체에 퍼져 나갔다. 고양이 사랑은 길고양이에 대한 호감으로 이어졌다. 길고양이는 신성한 이슬람 사원에도 마음대로 드나든다. 이슬람 유적지에서는 관광객에게 먹이를 달라고 다가오는 길고양이를 흔하게 볼 수 있다. 터키, 튀니지, 모로코, 이집트 같은 국가는 길고양이 천국으로 유명하다. 이런 나라에서는 사람들이 고양이에게 먹이를 챙겨주는 모습을 쉽게 볼 수 있다.

동남아시아 불교 국가에서도 길고양이가 번성하고 있다. 살생을 금하고 생명을 아끼는 불교의 교리에 따라 사람들이 주변의 야생동물을 자연스럽게 받아들이기 때문이다. 그래서 도시에 들개, 원숭이 등의 야생동물이 많이 살고 있다. 당연히 그중에는 길고양이도 있다.

동아시아 지역 가운데 일본의 고양이 사랑은 유별나다. 일본 와카야마 현의 기시 역에는 '타마'라는 역장 고양이가 있다. 이 역장 고양이를 보기 위해 하루 약 1000명이 방문해서 역은 명소가 되었고 그 지역은 활력을 찾았다고 한다. 일본에는 타마와 같은 역장 고양이가 점점 늘고 있다.[20] 일본에서는 고양이를 복을 부르는 동물로 여긴다. 그래서 사람과 재물을 불러들이는 상징으로 손을 들고 있는 마네키네코라는 고양이 인형을 여러 곳에 놓아둔다. 또한 길고양이에게 호의적이어서 마을 사람들이 사료 주기와 중성화 수술에 관한 일들을 공동으로 하는 경우도 많으며, 특히 고양이섬으로 유명한 다시로지마 · 히메지마 · 아이노시마 등에서는 길고양이가 사람의 사랑을 받고 산다.[21] 또한 아오시마는 고양이가 사람보다 더 많이 사는 것으로 유명하다.

길고양이에 대한 국가별 호감과 비호감 정도는 먹이 주는 행동에서도 나타난다. 호감도가 높은 이슬람권에서는 길고양이에게 먹이를 주는 것은 자연스러운 행동이어서 누구도 눈치를 보지 않고 먹이를 준다. 반면 호감과 비호감이 혼재한 국가에서는 상반된 행동이 동시에 나타난다. 미국을 예로 들면, 뉴욕 브루클린에서는 전체 가구의 약 20퍼센트가 길고양이를 위해 규칙적으로 문 밖에 먹이를 내놓지만,[22] 길고양이에게 먹이를 주는 것을 법으로 금지하는 주도 많다.

우리나라 사람들도 고양이에 대한 호감과 비호감이 혼재되어 있다. 우리나라에는 오래전부터 세로로 가느다란 동공이 으스스해 보이고 캄캄한 밤에 돌아다니며 사람의 말을 잘 따르지 않는 고양이를 불길한 존재, 기분

나쁜 존재, 요물로 여겼다. 그래서 자신을 해코지한 사람을 저주하고 복수하는 고양이 혼령에 대한 전설이 많다.

지금은 이러한 비호감이 길고양이에게 집중되고 있다. 고양이 특유의 발정음과 싸우는 소리가 시끄럽다는 이유 때문이다. 또 배설물과 쓰레기봉투를 뜯는 행동으로 주변을 지저분하게 하고 인수공통 질병을 옮길 수 있다는 것도 이유로 든다. 이런 나름의 이유와는 별도로 동물이 주변에 돌아다니는 것 자체를 불쾌해하는 사람도 있다. 길고양이를 싫어하는 사람은 호통을 쳐서 쫓아버리기도 하지만 실제로 위해를 가하기도 한다. 그래서 고양이 학대 사건이 심심치 않게 발생하고 있다.

반면 길고양이를 돌보는 캣맘의 수가 급속히 늘어 서울에만 3000여 명이 있는 것으로 추정된다. 꼭 캣맘이 아니어도 길고양이를 호의적으로 보는 사람도 많다. 또 동물 보호 사상도 많이 확산되어 일반인도 길고양이를 함부로 하지 않는다. 우리 조상 중에도 고양이를 좋아한 사람들이 있었다. 그들은 아마 길고양이에게도 관대했을 것이다. 숙종은 금손(金孫)이라는 고양이에게 손수 수라상의 고기를 먹였고 정사를 볼 때도 곁에 두었는데, 현종의 능에서 주어온 고양이라 제 아비의 영혼으로 여겼기 때문이다. 금손은 숙종이 세상을 떠나자 먹이도 먹지 않고 울며 시름시름 앓다가 죽었다. 세조는 고양이 덕에 목숨을 구했다 한다. 세조가 상원사에서 예불을 하는데 법당에 고양이가 나타나 옷자락을 물고 늘어졌다. 이상하게 여긴 세조가 법당을 수색하니 불당 뒤에 자객이 숨어 있었다. 이후 세조는 상원사에 밭을 하사하고 전국에 왕명을 내려 고양이를 죽이지 못하게 했다고 한다. 상원사에 가면 이 일을 기념하여 세운 한 쌍의 고양이 석상을 볼 수 있다.

서거정은 고양이가 쥐 잡는 것을 병아리를 물려고 한 것으로 오해해 지팡이를 휘두른 일을 후회하며 「오원자부烏圓子賦」라는 시를 지었다. 이익은 『성호사설』의 '도둑고양이'라는 글에서 자기 집에서 음식을 훔쳐 먹어 미워하던 길고양이가 쥐가 많은 집에 가서는 쥐를 잘 잡는 훌륭한 고양이가 되어 좋은 대접을 받는 것을 보고 자신의 길고양이를 대하는 태도를 통렬히 반성했다.[23] 서거정과 이익의 글은 고양이가 쓸모 있는 동물인데 사람들이 오해하고 있음을 적고 있다. 조선 시대 그림에도 고양이가 자주 등장한다. 고양이에 대한 정서가 나쁘지만은 않았음을 의미한다.

길고양이도 지역마다 사람을 달리 대한다

길고양이가 인간을 대하는 모습도 지역마다 다르다. 길고양이의 행동이 국가별로 판이한 것은 선천적인 기질이 아니라 경험 때문이다. 길고양이를 호의적으로 대하는 나라에서는 길고양이가 사람을 경계하지 않지만 적대적으로 대하는 나라에서는 사람을 두려워하며 피한다. 모로코나 터키처럼 길고양이에게 호의적인 이슬람권 국가에서는 길고양이가 사람을 두려워하지 않고 다가온다. 이슬람권만이 아니라 일본의 아오시마처럼 길고양이에게 호의적인 곳에서는 길고양이가 사람을 경계하지 않는다.

반면 우리나라 길고양이는 인간을 경계하며 사람이 다가가면 물러선다. 다른 야생동물처럼 한달음에 달아나지는 않지만 반드시 사람과 일정 거리를 둔다. 만일 사람이 그 거리 안으로 들어가려고 시도하면 길고양이는 결국 도망간다. 이는 길고양이가 인간으로부터 부정적인 경험을 겪었음을 뜻한다. 우리나라 사람은 거주지 주변에 동물이 사는 것을 매우 싫어해서 죽이거나 쫓아버린다. 물론 길고양이를 너그럽게 대하는 사람도 있지만 길고양이 입장에서는 한 번의 나쁜 경험이 백 번의 좋은 경험을 압도한다. 이러한 경험 때문에 유달리 우리나라 동물은 다른 나라 동물에 비해 인간을 두려워한다.

동남아에서는 들개가 사람들 앞에서 버젓이 누워 잠을 잔다. 그러나 우리나라에서는 포획에 대한 두려움으로 들개들이 북한산이나 한라산 같은 산속에 숨어 산다. 들개처럼 길고양이도 사람에게 강한 경계심을 보인다. 집 주변에 길고양이가 보이면 호통을 치거나 돌을 던지거나 막대기 같은 도구를 휘둘러 쫓아버리기 일쑤다. 이런 부정적 경험이 길고양이의 회피 행동을 만들었다.

2부

뒷산 고양이

망고와 삼남매

동네의 서식 환경

모든 동물은 적절한 서식지가 있어야 살 수 있다. 망고는 야산이 가운데에 있는 동네에 산다. 길고양이 입장에서 망고가 사는 동네는 어떤 곳일까? 일단 그곳은 바다에 둘러싸인 섬처럼 고립된 서식지다. 이처럼 길고양이 서식지가 고립된 것은 자동차 도로 때문이다. 교통량이 많은 네 개의 큰 도로가 동네를 둘러싸고 있어 질주하는 차를 뚫고 가지 않는 한 길고양이는 다른 마을로 갈 수 없다. 로드킬의 위험이 있는 큰 도로는 길고양이가 서식지를 옮기는 데 큰 장애물이다. 고양이는 로드킬을 많이 당하는 동물이다. 서울시에서 발생한 로드킬의 76퍼센트가 고양이로, 2018년 한 해에 6612마리가 사고를 당했다.[01] 다행히 아직껏 동네 도로에서 로드킬 당한 길고양이를 본 적이 없다.

망고가 사는 동네는 길고양이 서식지로서 다른 동네보다 좋은 점도 있다. 동네 한복판에 야산만이 아니라 대학, 고등학교, 중학교, 초등학교 등이 야산 테두리를 따라 들어서 있다. 그곳에는 조경수가 많다. 특히 대학 캠퍼스는 웬만한 공원 수준으로 나무와 화초류가 많다. 야산에 인접한 몇몇 아파트에도 조경수가 식재된 공간이 있다. 나무와 풀이 있는 장소는 은폐물이 많아 길고양이가 은신하기에 좋고 인간의 간섭도 상대적으로 적다.

망고가 사는 마을에는 주택가에 사는 길고양이와 야산에 사는 들고양이가 모두 산다(앞서 언급했듯 주택가에 사는 길고양이는 골목고양이로, 야산에 사는 들고양이는 뒷산고양이로 표현한다). 마을 야산은 도로로 고립된 동네의 중앙에 있으며, 면적은 26만 5582제곱미터다. 길고양이의 영역 면적은 400제곱미터에서 800만 제곱미터로 매우 다양하다. 관찰을 시작한 해의 가을부터 이듬해 봄까지 뒷산에서 만난 길고양이는 모두 17마리였다. 뒷산의 면적을 뒷산고양이 수로 나누면 한 마리당 1만 5622제곱미터가 조금 넘는다. 사냥해서 먹이를 해결하기엔 너무 좁은 면적이다. 뒷산고양이가 살기 위해선 인간에게서 얻는 먹이가 필요하다. 그래서 뒷산고양이 중 일부는 동네와 뒷산을 오가며 산다. 사실 들고양이는 대부분 그렇게 산다. 다만 캣맘들이 산에 마련한 밥자리가 있어 망고처럼 산에서 거의 벗어나지 않고 사는 뒷산고양이도 있다.

뒷산은 정상이 108미터밖에 되지 않는 야트막한 언덕이고 바위산이 아닌 흙산이어서 동식물이 살기 좋다. 주요 수종은 소나무, 참나무류, 팥배나무, 떼죽나무 등이다. 1970년대 식목 운동이 한창일 때 심은 아까시나무와 리기다소나무도 많고, IMF 시기에 숲 가꾸기 운동으로 시민이 기증하여 심은 벚나무류도 많다. 참나무류, 벚나무류, 팥배나무 등 열매를 맺는 나무가 많아 뒷산에는 새들이 많이 산다. 특히 겨우내 열매가 달리는 팥배나무가 많아서 새들이 월동하기에 좋다. 그래서인지 산에 오르면 멧비둘기, 까치, 물까치, 어치, 직박구리, 박새류, 딱따구리류, 참새, 붉은오목눈이 등 많은 새를 볼 수 있다. 그중 멧비둘기는 땅 위를 걷는 시간이 많아 길고양이의 공격 대상이 되기 쉽다.

뒷산을 둘러싸고 주택가, 학교시설, 병원 등이 있다. 그중에서 길고양이가 가장 많이 목격되는 곳이 주택가 골목이어서 동네에서 만난 길고양이를 골목고양이라 부른다. 골목고양이는 단독주택과 다세대주택이 있는 골목 여기저기에 숨어서 산다. 골목 곳곳에는 캣맘이 먹이를 주는 장소가 있다. 골목고양이는 대부분 거기서 먹이를 해결한다. 주택가에는 골목고양이와 함께 비둘기가 살고 있다. 30마리 내외의 비둘기가 주택가에 있는 어린이 놀이터에 내려와 먹이 활동을 한다. 새 사냥에 능한 길고양이가 동네에 있다면 비둘기는 꽤 먹음직스러운 사냥감이다. 그곳 말고도 대학 캠퍼스에 비둘기가 많고 도로에서도 때때로 비둘기들이 걸어 다니는 모습을 볼 수 있다.

콩쥐 삼남매

콩쥐는 내가 본 길고양이 중 가장 예쁜 고양이다. 물론 인간의 시각에서, 더욱이 나의 편파적인 기준에서 보았을 때 그렇다는 것이다. 콩쥐는 털색이 하얀색 바탕에 노란색 줄무늬인데 털 빛깔이 항상 말끔했다. 보통 고양이의 눈빛은 날카로운 인상이지만 콩쥐의 눈은 말똥말똥하면서도 어딘지 유순한 느낌이 들었다. 전체적으로 귀여운 이미지가 느껴지는 콩쥐가 나는 정말 좋았다.

콩쥐는 망고의 암컷 새끼이며 두 마리의 수컷과 같은 배에서 태어났다. 콩쥐라고 이름 붙인 이유는 콩쥐와 망고의 관계를 보고 콩쥐와 팥쥐 엄마가 연상된 까닭이다. 길고양이는 보통 3개월이 지나면 독립하기 시작해 6개월이면 모두 독립한다. 어미는 3개월이 지나면 더 이상 새끼에 관심을 보이지 않고 가까이 오면 거부하고 공격한다. 새끼를 키우느라 지친 몸을 회복하고 다음 번식을 위한 에너지를 축적하기 위해서다. 그런데 콩쥐는 망고 곁에 남았다. 엄마바라기인 콩쥐는 망고를 보면 야옹 하고 반기며 다가가는데 망고는 하악 하며 신경질을 내거나 앞발로 펀치 연타를 날렸다. 콩쥐는 눈만 끔뻑이며 그 펀치를 맞았다. 그렇게 구박당하는 모습을 보고 전래동화의 착하고 예쁜 콩쥐가 떠올라서 그렇게 이름을 지었다.

콩쥐 삼남매 외에 한배 새끼가 하나 더 있었는데 일찍 죽었다고 한다. 콩쥐 삼남매는 모두 노란색 줄무늬 고양이였다. 삼남매 중 콩쥐는 유달리 하얀색 털 부분이 많았고 다른 두 마리는 거의 노란색이고 주둥이 근처만 하얀색이었다. 둘의 이름은 흥부와 놀부로 지었다. 콩쥐를 전래동화 주인공에서 이름을 따왔으니 둘의 이름도 그런 방식으로 지었다. 흥부는 털색이 연한 반면 놀부는 좀 더 짙은 털색이었다.

뒷산에는 나무로 된 덱 로드가 있다. 콩쥐를 처음 만났을 때 덱 로드 아래에서 새끼 고양이 세 마리가 서로 장난치며 뛰놀고 있었다. 그 후로도 상당 기간 삼남매는 쉼터 옆 수풀에서 많은 시간을 보냈으며 이따금 쉼터로 사료를 먹으러 나왔다. 삼남매는 내가 다가가면 도망쳤다. 모두 사람과 가까이 있는 것을 꺼려서 쉼터로 잘 나오지 않았다.

나중에 캣맘들에게 들은 바로는 삼남매가 태어난 것은 2019년 3월쯤이었다. 망고는 삼남매를 낳은 후 얼마 안 있어 지자체 사업으로 중성화 수술을 받았다. 삼남매가 망고의 마지막 새끼들이 된 것이다. 9월에 만났을 때 삼남매는 태어난 지 6개월이 되어 독립하는 시기의 막바지에 있었다. 그래서인지 망고는 새끼들과 정 떼기를 하고 있었다. 망고를 보면 새끼들은 부드럽게 야옹 하며 다가갔지만 망고는 하악질을 하며 그들을 쫓았다. 망고가 하악질을 하면 새끼들은 움찔해서는 다가가지 못했다.

처음 만났을 무렵의 콩쥐. 정말 귀엽고 예뻤다.

털색이 연한 흥부

털색이 짙은 놀부

망고의 정 떼기는 효과가 있었다. 9월 어느 날, 가장 먼저 흥부가 떠났고, 놀부는 10월에 떠났다. 둘이 떠난 것은 어미의 구박 때문이기도 하지만 수컷 고양이는 성장하면 독자적인 영역을 만들려는 경향이 강해서 스스로 떠난 것이기도 하다. 이렇게 독립한 수컷들은 처음에는 어미 영역 주변에 머물다가 차차 자기 영역을 만들어간다. 사람들의 말로는 간혹 흥부와 놀부가 쉼터에 들러 캣맘들이 두고 간 사료를 먹고 간다고 했다. 흥부와 놀부도 망고의 영역 주변에 우선 자리 잡고, 먹이가 필요하면 쉼터를 들르는 것으로 보였다.

수컷과 달리 암컷은 무리생활을 하는 경우가 꽤 있는데, 콩쥐도 자기 영역을 만들려고 떠나지 않은 대신 갖은 구박을 받으면서도 망고 곁에 남았다. 유달리 겁이 많은 것도 콩쥐가 망고 곁에 남은 데 일조한 것으로 보인다. 캣맘들의 말로는 콩쥐는 어린 시절에 먹이를 주면 주변에 모여든 파리도 겁냈다고 한다. 어미의 정을 느끼고 싶어서인지 콩쥐는 망고 곁에 가까이 가고 싶어 했다. 그러나 둘의 거리가 너무 가까워진다 싶으면 망고는 멀찍이 달아나거나 공격했다. 고양이의 모정은 양육기에만 유효하다. 그러나 망고가 모질게 굴어도 콩쥐는 효녀처럼 야옹 하며 다가가 코를 맞대는 고양이식 인사를 하며 망고를 반겼다. 정말 묘성(猫性)이 착한 고양이였다.

특별히 정이 가서 나는 콩쥐를 보면 "콩쥐야, 콩쥐야" 하고 정감 있게 불렀다. 가까이하고 싶어서 다가가면, 그럴 때마다 콩쥐는 뒷걸음치며 물러섰다. 그렇다고 줄행랑을 치며 달아나지는 않았고 일정 거리가 확보되면 걸음을 멈춰 사람들이 사진을 찍을 수도 있었다. 언제부터인가 콩쥐는 사람들에게 익숙해져 수풀에서 나와 망고처럼 주로 쉼터 안에 머물렀다. 그렇지만 사람들이 만지는 것을 허락하지는 않았다. 손 위에 간식을 놓으면 다가와서 먹는 망고와 달리 콩쥐는 그냥 지켜보거나 앞발로 쳐서 간식을 떨어뜨리려 했다.

고양이의 명당이 된 사람 쉼터

망고와 콩쥐가 있는 쉼터에는 정자와 벤치가 있고 자갈로 만든 지압 발판이 있어 산책객들이 휴식을 취하고 간다. 쉼터 둘레에는 영산홍, 히어리 같은 관목이 조경용으로 심겨 있고 관목 너머로 교목류로 이루어진 숲이 있다. 기온이 내려가면 고양이는 양지에서 햇볕을 쬐는 일명 해바라기라 하는 일광욕을 한다. 이는 체온을 유지하기 위한 행동이다. 늦가을부터 초

봄까지 이렇게 일광욕하는 고양이를 종종 볼 수 있다.

망고는 천연덕스럽게 지압 발판 위에 누워 일광욕을 했다. 쉼터에 들른 사람들은 이런 망고를 보고 서로 한마디씩 했다. 망고는 쉼터에서 만난 사람들이 대화를 시작하는 소재였다. 뒷산고양이에게 사료를 주는 캣맘들도 쉼터에서 망고에게 먹이를 주면서 서로 알게 되었다고 한다. 망고와 더불어 콩쥐도 점점 쉼터의 명물이 되어갔다. 쉼터를 찾는 사람들은 두 고양이를 상당히 호의적으로 대했다. 쉼터에는 흔히 주택가에서 볼 수 있는 길고양이 혐오 반응이 없었다.

쉼터는 사람들만이 아니라 뒷산고양이들에게도 명당이 되었다. 쉼터에는 사람들이 쉴 수 있도록 정자가 있는데 그 아래에 캣맘이 망고와 콩쥐가 먹으라고 둔 사료와 물이 항상 있었다. 그런데 그 양이 망고와 콩쥐가 먹고도 언제나 남아서 다른 길고양이들도 그곳을 찾았다. 거기 가면 항상 먹을 것이 있다는 소문이 고양이들 사이에 퍼졌는지 쉼터에서 상당히 떨어진 반대편 산책로 입구 쪽에 사는 고양이들도 그곳에 들렀다가 갔다. 주로 자신의 영역에서 활동하지만 먹이의 일부를 쉼터 정자 아래에서 해결하는 격이었다. 항상 사료가 있는 쉼터는 뒷산고양이들에게 사막의 오아시스 같은 곳이었다.

겁쟁이 콩쥐는 이런 고양이들을 그저 멀뚱히 보기만 했다. 반면 성깔 있는 망고는 그들을 쫓아버리기도 했지만 상대 고양이가 만만치 않으면 역시 지켜보는 수밖에 없었다. 한번은 망고가 심하게 엉덩이를 물린 후 커다란 종기가 생겨서 캣맘들이 동물병원에 데려가 치료해준 적이 있었다. 엉덩이는 고양이과 동물이 상대를 공격할 때 목과 함께 가장 많이 노리는 부

몸을 낮추고 꼬리를 가랑이 사이에 감추어 복종의 뜻을 상대에게 전하는 망고.
이런 몸짓은 불필요한 싸움을 막는 효과가 있다.

위다. 엉덩이는 상대의 저항을 피해 뒤에서 공격할 수 있어 포식자들이 공격하기 좋아한다. 출혈로 쇼크를 줄 수 있고 생식기와 항문에 치명타를 줄 수 있어 공격 효과가 높다. 상대의 전투 능력을 잘못 가늠하고 싸우면 이렇게 호되게 당할 수 있는데 망고가 계산을 잘못한 모양이다.

심한 상처를 입고 난 후로 망고는 겁쟁이가 되었다. 망고는 모든 고양이에게 공격 행동을 멈추었다. 고양이과 동물은 강한 상대를 만나면 몸을 낮추고 꼬리를 가랑이 사이로 숨겨 상대방에게 복종을 표시한다. 저항 의사가 없다는 것을 보여서 불필요한 싸움을 막는 행동이다. 그런데 망고는 쉽터에서 다른 고양이를 만나면 웬만하면 복종 행동을 했다. 호되게 당한 후부터 싸움을 꺼리게 된 것이다. 싸우지 않아도 늘 풍족하게 먹이를 먹을 수 있으니 싸움은 불필요했다. 망고는 오로지 콩쥐만 구박했다.

전투 능력이 망고를 능가하는 고양이들이 여럿 있었지만 어떤 고양이도 쉼터를 차지하지 못했다. 사람에게 익숙한 망고와 달리 다른 고양이들은 사람을 두려워해서 그곳에 계속 머물 수 없었다. 그저 사람들 눈을 피해 몰래 와서 정자 아래에 놓인 사료를 먹고 갔다. 망고는 사람에 대한 두려움이 없는 덕에 먹이를 항상 풍족하게 얻을 수 있는 쉼터를 낮에 고스란히 차지했다. 콩쥐는 그런 망고에게 껌딱지처럼 붙어 있는 필살기를 사용해 안전하고 풍요한 쉼터에서 살 수 있었다.

망고는 종종 주변 산등성이를 돌아다녔지만 대부분 쉼터에 머물렀다. 쉼터에서 모든 것이 해결되었기 때문에 이동의 필요성이 적었다. 다만 밤이 되면 쉼터와 병원 사택 사이의 숲 어딘가에 있는 것으로 보이는 은신처로 사라졌다. 때로는 밤이 되어도 그냥 쉼터 근처 황매화 수풀에 은신했다. 황매화 수풀은 잎이 무성해지면서 바람과 추위를 피할 수 있고 빽빽한 줄기들로 몸을 숨길 수 있어 꽤 괜찮은 은신처였다. 이후로도 길고양이들이 관목 수풀에 은신하는 것을 여러 차례 보았다.

한동안 사라져서 보이지 않을 때도 있지만 콩쥐도 꽤 자주 쉼터에 있었다. 쉼터에 머무는 시간이 조금씩 늘어나고 은신처도 쉼터에 마련했다. 캣맘이 쉼터 한구석의 황매화 수풀에 스티로폼 상자로 집을 만들어주었는데 특히 비나 눈이 오는 날이면 콩쥐는 스티로폼 상자에 들어가 있었다.

다른 뒷산고양이

쉼터를 찾는 다른 고양이

망고와 콩쥐 삼남매 외에 처음으로 만난 다른 고양이는 '짜장'이다. 짜장은 검은색 털색에 주둥이 근처만 하얀 턱시도 수컷 고양이다. 짜장면 위에 양파가 놓여 있는 모습이 떠올라 그렇게 이름 지었다. 성장한 수컷은 대체로 암컷보다 덩치가 크고 좀 억세게 생겼는데 짜장은 덩치가 암컷 정도로 작고 꽤 귀엽게 생긴 편이었다. 이제 갓 성체가 된 것으로 보였다.

짜장은 망고처럼 사람을 반기고, 부르면 다가왔다. 쉼터에서 만난 캣맘 중 한 사람의 말에 따르면 짜장은 길고양이 출신이 아니며 망고처럼 집고양이로 살다 버려졌다고 한다. 짜장은 계속 기침을 했는데, 캣맘은 그런 호흡기 질환이 부담스러워 주인이 버렸을 것이라고 추정했다.

짜장을 처음 보았을 때 쉼터 근처 수풀 가운데에 있는 그루터기를 놓고

턱시도 고양이 짜장은 사람을 잘 따랐다.

놀부와 신경전을 벌이고 있었다. 그루터기 위에 놀부가 먼저 있었는데, 짜장이 다가오자 아직 어린 놀부가 물러났다. 놀부는 가까이 있는 다른 그루터기 위로 올라가서 멀찍이 거리를 두고 짜장과 대치하면서 "우~으~" 하며 고양이 특유의 길게 늘어지는 위협음을 냈지만 그 이상의 확전은 없었다. 고양이는 높은 곳을 좋아하는데, 짜장과 놀부는 더 높은 그루터기를 놓고 신경전을 벌인 것이다.

그 후로 한동안 짜장을 보지 못했는데 한 달여 지나서 다시 쉼터에서 만났다. 그런데 그날 쉼터에 있던 망고가 하악질을 하며 짜장을 위협적으로 쫓아냈다. 서로 성별이 달라도 자기 영역에 버젓이 있는 것을 용납할 수 없었던 모양이다. 다음에 만났을 땐 콩쥐가 짜장과 대치하고 있었다. 콩쥐는 위협음을 내며 짜장과 대치했지만 어미 망고처럼 용감하게 공격하지는 못했다. 그렇게 대치하던 둘은 어찌 된 일인지 금방 가까워졌다. 그다음에 보았을 때 스티로폼 집이 있는 황매화 수풀 안에서 콩쥐와 짜장이 같이 있는 것을 보았다. 암수이기 때문에 적개심을 쉽게 풀었을 것이다. 성격이 살가운 짜장은 꽤 마음이 끌리는 고양이였다. 다만 계속 기침해서 걱정이 되었다. 그리고 언제부터인가 다시 볼 수 없었다.

짜장 외에도 여러 고양이가 쉼터에 들렀다. 그중 가장 카리스마가 넘치는 고양이는 '타이슨'이었다. 탄탄한 몸에 목이 굵고 눈이 매서워 복서 마이크 타이슨이 떠올라 그리 이름 지었다. 타이슨은 흰색 바탕에 등 쪽에 진회색 무늬가 있는 고등어 유형의 고양이였다. 성별을 파악할 수 없었지만 체형을 보면 수컷일 가능성이 높았다. 보통 고양이가 몸이 퉁퉁하면 너무 많이 먹어서라고도 하고 소금이 많은 음식을 먹은 탓에 신장이 안 좋아져 부은 것이라고도 말한다. 고양이의 신장은 사람에 비해 작고 기능이 약해

최강 카리스마 고양이 타이슨. 목이 굵고 몸이 탄탄한 전형적인 어른 수컷의 모습이다.

소금기 있는 음식을 많이 먹으면 신장에 문제가 생길 가능성이 높다. 그런데 남성 호르몬인 테스토스테론이 많이 분비되어도 얼굴이 둥글넓적해지고 목이 두툼해지며 몸이 통통해진다.[02]

수컷이 중성화 수술을 하지 않고 3년을 넘게 살면 타이슨처럼 얼굴이 넓적해지고, 몸이 통통해진다. 반면 암컷이나 3년 미만의 수컷은 갸름한 얼굴이 많다. 외관상으론 좀 둔해 보이지만 여러 난관을 이겨내고 완숙한 성년이 된 시기에는 넓적한 얼굴은 강한 생명력을 상징한다. 이런 수컷은 테스토스테론이 많아 공격성과 전투 능력이 강하다. 타이슨은 단순히 통통한 것이 아니라 탄탄한 느낌도 들어서 천하무적 고양이로 보였다.

번식에 참여할 수 있는 수컷은 이런 외형의 고양이다. 수컷 간의 우열은 몸의 크기와 나이가 좌우한다. 완전한 성묘는 체중이 더 많이 나가고 외형도 강인해 보인다. 그리고 전투 경험이 많아 자신감도 강하다. 갓 1년이 넘은 수컷은 교미할 수 있지만 이런 성묘에 밀려 번식 기회를 가질 수 없다. 수컷은 세 살 정도가 되어 몸이 단단해지고 경험이 쌓이게 되면 번식에 참여한다.[03]

용감무쌍해 보이는 타이슨도 사람이 다가가면 피했다. 쉼터로 나오지 않고 근처 수풀에 머물면서 쉼터 안에서 돌아가는 일을 지켜보았는데, 놀부와 짜장이 경합한 그루터기에 올라가 있길 좋아했다. 그러다 망고 모녀 같은 고양이를 수풀에서 만나면 달려들어서 쫓아버렸다. 그런데 타이슨만큼이나 강한 미지의 고양이가 있는 것 같았다. 어느 날 타이슨을 만났는데 한쪽 눈을 뜨지 못했다. 고양이는 앞발을 휘두르며 싸우는데, 그 과정에서 자주 눈을 다치곤 한다. 홀리필드급의 고양이에게 타이슨이 당한 모양이었다. 아마 그 고양이의 귀도 성하지는 않았을 것이다.

'가필드'란 고양이도 있었다. 덩치로 따지면 타이슨에게 일격을 가할 수 있는 용의자 중 하나다. 타이슨처럼 테스토스테론을 콸콸 뿜어내는 마초형 덩치를 자랑한다. 가필드는 만화 『가필드』의 주인공 고양이처럼 연한 노란색 줄무늬 털색의 노랑이 고양이다. 덩치가 타이슨만큼이나 큰 가필드를 쉼터에서 멀리 떨어진 약수터에서 처음 보았는데, 그 후 쉼터 정자 아래에 있는 것을 다시 보았다. 배가 많이 고팠는지 아주 긴 시간 동안 사료를 먹고 있었다. 가까이 가니 경계하듯 나를 훔쳐보았지만 도망가지는 않았다. 자신의 영역에서 먹이를 구하지 못하자 쉼터에 들른 것으로 보였다. 고양이는 여건이 된다면 먹이를 적은 분량으로 나누어 먹는다는데, 쉼터를 찾은 고양이들은 꽤 오랜 시간 사료를 먹곤 했다.

타이슨처럼 몸집이 마초형인 가필드

또 다른 고양이 '분홍코'도 쉼터에 들르면 오랫동안 사료를 먹었는데, 주로 인적이 끊긴 밤에 쉼터에 들렀다. 분홍코는 콧잔등에 털이 없어 분홍색 살이 내비치는 고양이였다. 타이슨이나 가필드처럼 한 덩치 하는 분홍코는 쉼터 근처 숲과 인접한 다른 산등성이를 오가며 살고 있었다. 분홍코는 콩쥐처럼 흰색 바탕에 노란색 줄무늬가 있는 노랑이 계열의 고양이다. 외모로 봐서는 가필드와 함께 콩쥐 남매의 아비일 수도 있을 것 같았다. 타이슨·가필드·분홍코의 성별을 확인하지는 못했지만 외모나 분위기로 수컷일 거란 생각이 들었다. 그들은 망고가 제지하기에는 덩치가 너무 컸다.

암컷으로 추정되는 고양이들도 있었다. 깜장은 그런 고양이 중 하나로 털이 완전히 검은색인 올블랙 고양이였다. 처음 만난 장소는 쉼터에서 꽤 멀리 떨어진, 동네에서 산으로 올라가는 산책로 입구였다. 유유히 걷는 깜장의 모습이 흑표범을 떠올리게 했다. 깜장은 동네 근처 산 가장자리, 대학 캠퍼스 뒤, 초등학교 뒤 등 멀리 떨어진 여러 곳에서 마주쳤다. 안정적인 먹이 공급지를 확보하지 못해 먼 거리를 오가며 사는 것으로 보였다. 깜장도 쉼터에 들러 사료를 먹었다. 그러나 망고한테 걸리면 잽싸게 도망갔다.

콧등에 털이 없어 분홍색 살이 비치는 분홍코

초등학교 뒤에서 만난 깜장은 먼 거리를 오가며 살았다.

밤이면 바뀌는 쉼터의 주인

먹이가 늘 있는 쉼터는 낮이나 밤이나 고양이들에게 인기 있는 장소였다. 낮에는 망고와 콩쥐가 쉼터를 차지했으나 밤이 되면 다른 고양이들이 나타났다. 망고와 콩쥐는 사람이 많은 낮 시간에만 쉼터에 머물렀다. 다른 고양이로부터 안전하다고 느끼는 것 같았다. 그러다 밤이 되어 인적이 끊기면 콩쥐가 먼저 어디론가 사라지고 다음으로 망고가 은신처로 사라졌다. 망고는 쉼터에서 좀 떨어져 있는 덱 로드 옆 벤치에서 버젓이 노출된 상태로 자기도 했다.

고양이는 야행성이라지만 활발하게 행동하는 시간은 주로 새벽과 저녁 무렵이다. 한낮이나 한밤에는 수면이나 휴식을 취한다. 망고를 보면, 뒷산 고양이의 일과는 대부분 쉬거나 자는 것이다. 망고는 밤 8시면 눈을 끔벅이다 잠을 자러 갔다. 망고와 콩쥐는 밤이면 은신처로 갔다가 쉼터로 아침에 출근하는 식으로 살았다. 콩쥐는 망고보다 출근이 늦고 퇴근은 빨랐다. 쉼터 관리자인 망고가 미워할 만도 했다.

뒷산 산책로에는 밤 11시까지 전등이 켜져 있으므로 밤에 쉼터에 들른 고양이를 알아볼 수 있었다. 망고와 콩쥐가 없는 쉼터에서 타이슨과 분홍코가 사료 먹는 것을 보았다. 낮에 망고에게 쫓겨났던 깜장도 밤에 들러 사료를 먹었다. 사료를 다 먹고 자리를 떠나려는 깜장을 미행한 적이 있다. 미행이라지만 내가 따라오는 것을 알아차린 눈치였다. 걸음을 빨리하진 않았지만 신경이 쓰이는지 간혹 뒤를 돌아보았다. 계속 내가 따라가자 더 못 따라오게 깜장은 대학 캠퍼스 뒤 철조망이 있는 구역 안으로 들어가 어둠 속으로 사라졌다.

뒷산은 보물 보따리처럼 계속해서 고양이를 내놓았다. 12월 밤에 들르니 정자 주변에서 삼색 어미 고양이 한 마리와 검은색 줄무늬의 새끼 한 마리가 튀어나와서 산책로 밖으로 도망쳤다. 일정 거리를 확보하자 둘이 마주 앉아 얼굴을 핥아주며 그루밍을 했다. 그루밍은 기분을 안정시키고 스트레스를 해소하는 행동이다. 어미와 새끼처럼 친밀한 고양이들은 서로에게 그루밍을 한다. 특히 자신의 혀가 닿지 않는 얼굴 주변을 그루밍 해준다. 랜턴을 비추니 눈부신 표정을 지었지만 도망가지는 않았다.

간식거리를 땅에 내려놓고 다른 곳을 돌아다니다 한참 후에 되돌아오니 고양이 모자는 사라지고 없었다. 간식은 그대로 있었다. 그리 멀지 않은 곳에 두었는데도 간식 냄새를 못 맡은 것으로 보였다. 고양이는 사람보다 후각이 뛰어나다지만 보이지 않는 먹이를 찾아낼 정도는 아닌 것 같았다.

새끼 고양이는 다시 보지 못했고, 삼색이 어미는 간혹 볼 수 있었는데 밤에 만나서 '밤이'라고 이름 지었다. 망고는 쉼터에 종종 들르는 밤이를 공격하지 않았다. 밤이는 망고를 무시하고 정자 아래에 있는 사료를 먹었다.

삼색 고양이 밤이도 밤에 쉼터에 들러 밥을 먹었다.

망고는 멀거니 밤이를 지켜볼 뿐이었다. 엉덩이에 심한 공격을 당한 이후로 망고는 싸움을 극히 회피했다.

한번은 망고가 자기와 덩치가 비슷한 흰색 고양이와 덱 로드 아래에서 마주쳤다. 녀석은 흰색 털에 콩처럼 검은색 무늬가 간간이 있어서 '백설기'라 이름 지었다. 망고와 백설기는 서로에게 잠깐 위협음을 내며 대치했는데 망고가 먼저 내뺐다. 그 후 망고가 몸을 웅크리면서 복종 표시를 했고 백설기는 당당히 서서 망고를 바라봤다. 덩치가 비슷한데도 망고는 쉽게 열세를 인정했다. 쉼터는 백설기가 차지했고 망고는 산책로에 그대로 머물렀다.

망고는 타이슨이나 가필드처럼 자신보다 덩치가 큰 고양이뿐만 아니라 밤이나 백설기처럼 덩치가 비슷한 고양이와 싸우는 것에도 자신이 없었다. 2020년 5월에는 망고 정도 크기의 노랑이 한 마리가 쉼터를 들르는 고양이에 추가되었다. 누르스름한 털빛의 녀석을 보자 노릇노릇하게 탄 누룽지가 떠올랐다. 그래서 이름을 '누룽지'라 지었다. 망고는 누룽지를 보자마자

망고와 덩치가 비슷한 백설기는 망고를 누르고 쉼터를 차지했다.

비록 덩치가 작지만 누룽지는 얼굴이 수컷 성묘처럼 넓적했다.

머리를 낮추고 항복 자세를 취했다. 밤이면 망고는 이렇게 다른 고양이에게 자세를 낮추고 쉼터를 내주었다. 망고는 오로지 낮에만 쉼터의 주인이었다.

덱 로드의 고양이

쉼터 외의 장소에서도 두 마리의 고양이를 보았다. 물론 그 고양이들도 쉼터에 들렀을 가능성이 있었다. 뒷산 곳곳에는 캣맘들이 놓아둔 사료가 있으므로 길고양이들은 먹을 것을 찾아 사료 놓인 곳을 순회할 것이고 그 곳 중에 쉼터가 포함될 여지가 있었다.

노란색과 검은색 털이 섞여 있지만 색이 탁하고 거칠게 폭발하듯 퍼져 있어 '폭탄'이라 이름 붙인 길고양이는 쉼터에서 꽤 떨어진, 예전에 예비군훈련장이었던 곳 근처에서 만났다. 폭탄은 적극적인 사냥 행동을 보이는 고양이였다. 처음 만났을 때 폭탄은 잔뜩 웅크리고 멧비둘기를 향해 살금살금 다가가고 있었다. 그러다 멧비둘기가 폭탄 근처로 아무것도 모른 채 다가오자 잽싸게 달려들었다. 놀란 멧비둘기가 날아오르자 점프하여 멧비둘기를 낚아채려 했다. 결국 그때는 실

폭탄을 만난 곳에서 본 멧비둘기 사체.
일부 길고양이는 사냥 행동을 했지만,
그렇게 조류 사체가 자주 보이진 않았다.

패했지만, 폭탄을 만난 곳에서 사냥당해 뜯어 먹힌 멧비둘기 사체를 두 번 보았다. 폭탄의 소행일 가능성이 높았다.

쉼터 반대편의 산책로 입구에는 다른 고양이가 있었다. 입구에서 산으로 올라가는 구역에서 만났는데 한쪽 눈이 좀 이상해서 '애꾸눈 잭'에서 따와 '잭'이라 이름 지었다. 줄무늬가 검은색인 고등어 유형인 잭은 눈이 기형인 데다 체구도 왜소해서 잘 살아갈 수 있을까 염려되었다. 잭은 몇 번의 만남 이후 더 이상 볼 수 없었다.

강렬한 느낌을 주는 폭탄은 진지한 사냥 행동을 했다.

한쪽 눈이 기형인 잭은 몸이 작아 앞날이 걱정되었다.

병원 고양이

봄이 되면서 새로운 고양이를 만났다. 뒷산에 접해 있는 종합병원에서 산으로 올라오는 입구에서 길고양이 두 마리를 만났다. 그해 3월엔 코로나

19가 번지면서 온 나라가 힘들어진 상황이었다. 처진 기분을 달래려 산책을 나왔다가 병원에서 쉼터로 올라오는 산책로에서 턱시도 한 마리를 만났다. 짜장이라고 생각했는데 자세히 보니 코가 하얀 짜장과 달리 까맸다. 짜장과 외모가 비슷해 녀석에게 '간짜장'이라는 이름을 붙였다. 턱시도 유형인 것뿐만 아니라 하얀색 양말을 신은 것처럼 발끝이 하얀 것도 짜장과 닮았다. 그리고 간짜장은 짜장처럼 사람을 반기며 다가왔다. 어찌나 반기는지 사진을 찍으려고 앉으면 바로 달려와서 얼굴을 비벼대 제대로 사진을 찍을 수 없었다.

병원에서 뒷산으로 오르는 산책로 입구에는 철봉이 몇 개 있다. 그곳에서 노랑 무늬가 군데군데 있는 하얀색 고양이를 만났다. 철봉이 있는 곳에서 만났다고 '철봉이'라고 이름 지었다. 철봉이는 덩치가 상당히 컸는데 이 녀석도 간짜장처럼 사람을 피하지 않았다. 사람을 아주 반기지는 않았지만 쓰다듬어도 가만히 있었다.

간짜장과 철봉이가 있는 곳에 의자 모양의 석조물이 있었다. 사람들은 그곳에 앉지 않고 근처에 있는 나무 벤치에 앉았다. 석조물 아래에는 종이상자나 스티로폼으로 만든 집이 있었고 항상 물과 사료가 놓여 있었다. 누군가 간짜장과 철봉이에게 먹이를 주고 있었다.

철봉이와 간짜장은 서로를 용인하는 사이로 같은 장소에서 살았다. 철봉이가 우위에 있고 간짜장은 눈치를 보는 관계였다. 철봉이의 덩치가 워낙 커서 그렇게 된 것으로 보였다. 철봉이가 사료를 먹을 때 간짜장은 뒤에서 순서를 기다렸다. 또 철봉이는 캣맘이 만들어준 집 세 곳을 옮겨 다니면서 잠을 잤고 간짜장은 흙바닥에서 잤다.

간짜장(왼쪽)과 철봉이(오른쪽). 철봉이는 덩치가 더 크고 서열도 높았다. 그들은 꽤 오랫동안 같은 곳에서 살았다.

지금까지 관찰을 처음 시작한 해의 가을과 겨울 그리고 이듬해 봄에 만난 고양이들을 소개했다. 밤이의 새끼까지 하면 모두 열일곱 마리를 만났다. 분명 이보다 더 많은 고양이가 뒷산에 살고 있을 것이다. 그리고 뒷산 고양이의 수는 일정하지 않고 항상 변할 것이다. 길고양이의 수명은 2~3년으로 매우 짧다고 한다. 고양이는 매년 한두 차례 번식하고 한 번에 서너 마리의 새끼를 낳는다. 그러므로 아주 짧은 기간에 고양이는 태어나고 죽는다. 또 주변 주택가에서 새로운 고양이가 뒷산으로 들어오고, 또 뒷산고양이 중 몇 마리는 주택가에 새로운 영역을 개척한다. 그런 이유로 그 후로 못 보던 고양이를 새로 만나고, 알던 고양이를 다시 만날 수 없는 일이 되풀이되었다.

뒷산고양이의 캣맘

망고의 캣맘들

길고양이가 있는 곳에는 그들을 돌보는 캣맘이 있다. 뒷산 쉼터 고양이들도 캣맘들이 돌보고 있었다. 캣맘들은 각자 다른 시간대에 정자 쉼터에 들렀지만 서로 알고 있었다. 망고와 콩쥐를 돌보기 위해 오랫동안 쉼터에 들르면서 서로를 알게 된 것이다.

다섯 명의 캣맘을 만났다. 저녁 무렵에 만난 젊은 캣맘은 종종 고양이용 간식을 가져다주고 있었다. 어느 날은 정자 주변을 돌며 망고와 콩쥐를 찾다가 짜장을 만나자 몹시 반가워했다. 집에서 가져온 사료와 간식을 짜장에게 주었다. 50대 후반쯤 되는 다른 캣맘 두 명은 삶은 닭을 망고와 콩쥐에게 주고 있었다. 두 사람은 부정기적으로 들른다고 했다.

역시 50대 후반으로 보이는 캣맘 한 명이 쉼터에 들러 고양이 간식용

캣맘이 망고와 콩쥐를 위해 챙겨준 간식

캔을 뜯어 서로 싸우지 말라고 두 개의 용기에 나누어 망고와 콩쥐에게 주는 것도 보았다. 간식을 다 먹자 살이 통통하게 오른 망고에게 "넌 운동 좀 해야 돼"라 말하고 나뭇가지 하나를 주워 땅 위에서 이리저리 왔다 갔다 하면서 망고와 장난을 쳤다. 눈앞에서 무언가를 빠르게 왔다 갔다 움직이면 고양이는 그 물체에 시선을 보내다 공격하는 장난을 한다. 마치 주인처럼 캣맘은 망고와 놀아주었다. 그 캣맘은 매일 오후 2시경에 산책을 하면서 쉼터에 들른다고 했다. 산책하다가 망고와 콩쥐를 만나는 것이 캣맘에게는 즐거운 일과였다. 캣맘이 집으로 돌아가기 위해 덱 로드에 올라서자 한참이나 망고가 따라갔다. 캣맘은 망고에게 돌아가라고 손을 흔들며 뒷걸음질 쳤다. 애정이 듬뿍 담긴 모습이었다.

망고와 콩쥐의 주식인 사료를 매일 가져다주는 캣맘도 한 명 있었다. 역시 50대 후반으로 보이는 그 캣맘은 매일 정자 아래에 사료를 놓고 갔다.

그래서 사료통이 비어 있을 때가 거의 없었고, 망고와 콩쥐가 먹다 남긴 사료는 그곳을 찾아오는 다른 고양이들이 먹었다. 캣맘은 전에는 닭도 삶아서 주었는데 계속하려니 경제적으로 부담이 되어 지금은 사료만 주고 있다고 했다. 그 캣맘은 쉼터만이 아니라 본인이 사는 동네 길고양이에게 장소를 옮겨 가며 사료를 주고 있다고 했다. 한 곳에서 주면 길고양이들이 몰려들어 그 주변의 주민들이 싫어할 뿐만 아니라 자칫하다가 심한 소리를 듣기 때문에 사람들이 알아차리지 않게 몰래 준다고 했다. 그럴 때마다 그런 사람들이 야속하기도 하고, 왜 굳이 자신이 이런 일을 해서 욕을 먹나 하는 생각도 든다고 했다. 이제는 나이가 들어서 사료 포대를 들고 산으로 올라오면 어깨도 아프다 했다.

정기적으로 사료를 주는 사람, 매일 간식을 주는 사람, 부정기적으로 간식을 주는 사람 등 많은 캣맘이 망고와 콩쥐에게 먹이를 주고 있었다. 캣맘들의 말로는 쉼터에서 간식을 주는 캣대디도 한 명 있다고 했다. 그 외에 캣맘이나 캣대디란 의식 없이 불쑥 먹이를 주는 산책객도 있었다.

여러 사람이 먹을 것을 가져다주니 망고와 콩쥐는 풍족하게 먹으며 지냈다. 다양한 먹이를 양껏 먹어서인지 망고와 콩쥐의 영양 상태는 좋아 보였다. 쉼터에 들르는 사람들은 흙먼지도 많은데 망고와 콩쥐가 항상 외모가 말끔하다고 감탄했다. 망고와 콩쥐는 영양 상태가 좋을 뿐만 아니라 먹이 걱정이 없어 그루밍에 충분히 시간을 쓸 수 있기에 외모를 깔끔하게 유지할 수 있는 것으로 보였다. 그리고 뒷산의 숲이 배경이 되어 고양이의 외모가 더 좋게 보였을 것이다.

캣맘들은 그들 말고도 다른 사람들이 쉼터 이외의 장소에서 사료를 주

사람들의 사랑을 많이 받는 망고는 쉼터에서 아무 걱정 없이 천하태평하게 낮잠을 잤다.

고 있다고 말했다. 실제로 덱 로드 주변 두 곳에서 사료 그릇을 보았다. 내가 발견하지 못한 곳들도 분명 있을 것이다. 쉼터에서 만난 캣맘들은 뒷산 고양이 중 망고와 콩쥐에게 각별한 애정을 쏟고 있었다. 다른 고양이들은 쉼터에 잠깐 나타났다 사라지기 때문에 특별한 애정을 갖기 어려웠을 것이다. 반면 독립적으로 살면서도 친근하게 가까이 대할 수 있는 망고와 콩쥐는 매력적인 존재였다. 집고양이처럼 사람 곁에 가까이 다가오는 망고와 어리고 예쁜 콩쥐는 캣맘들의 마음을 사로잡았으리라.

망고 모녀의 사연

바람이 많이 불고 비가 오락가락하던 어느 날, 쉼터에 들렀더니 할머니 한 분이 있었다. 그분은 망고와 콩쥐에게 간식을 주는 나에게 "사료통이 다 비어 있던데, 다행히 아저씨가 와서 애들이 굶지 않게 됐네요"라며 반가운 기색을 했다. 그러면서 망고가 그곳에 있게 된 사연을 들려주었다.

산 아래 병원에 근무하던 한 여의사가 캣맘으로 길고양이들에게 먹이를 주었다고 한다. 망고도 그중 한 마리였다. 그러다 그의 배우자가 아프게 되면서 경기도로 이사 갔다고 한다. 먹이를 주는 사람이 없자 길고양이들은 흩어졌고 망고는 사람들이 많이 들르는 산 위의 쉼터로 올라오는 색다른 선택을 했다. 다행히 쉼터를 오가는 산책객들은 망고를 좋아했고 그들 중에서 먹을 것을 챙겨주는 캣맘도 생겼다. 망고는 아주 탁월한 선택을 한 것이다. 여느 길고양이와 달리 사람을 따르는 망고는 아마도 그 여의사와 어린 시절부터 교감했을 가능성이 컸다.

할머니는 콩쥐 남매 이야기도 들려주었다. 원래 망고는 수컷 세 마리, 암컷 한 마리로 네 마리의 새끼를 낳았는데 그중 수컷 한 마리가 보금자리에서 혼자 나와 얼어 죽었다고 한다. 남은 새끼들은 뒷산 이름을 한 자 한 자 따서 이름을 지어주었고 콩쥐는 마지막 자인 '산'을 따서 '산이'라고 했다. 이런 내력을 모르는 산책객은 그냥 '나비야', '야옹아' 등으로 불렀고, 나는 콩쥐라고 불렀다. 나도 '산이'라 할까 생각하다 그냥 익숙해진 이름으로 부르기로 했다.

어느 날, 망고 모녀의 사연을 들려주었던 할머니와 사료를 주던 캣맘을 쉼터에서 함께 만났다. 캣맘에게 언제부터 고양이 먹이를 주었느냐고 물었다. 캣맘은 원래는 고양이를 별로 좋아하지 않았는데 오륙 년 전 캣맘의 딸이 새끼 고양이를 입양해 키우면서 고양이를 좋아하게 되었다고 말했다. 또 고양이를 키우다 보니 길고양이들이 눈에 들어왔고, 자신이 키우는 고양이는 보살핌을 받으며 잘 사는데 길고양이는 너무 어렵게 사는 것 같아 불쌍한 생각이 들었다고 했다. 그 이후로 길고양이에게 먹이를 주다가 망고도 우연히 만났다고 했다.

캣맘은 망고가 쉼터에 정착했던 과정도 들려주었다. 남성 산책객 몇몇이 망고를 보면 발길질을 하거나 나뭇가지를 던지며 괴롭혔다. 캣맘은 평소 싸울 줄 모르는데 그때는 화가 나서 쌈닭처럼 망고를 괴롭히는 사람에게 자기보다 약한 동물을 괴롭히면 되냐고 마구 대들었다. 그 후로는 망고를 괴롭히는 사람이 줄었고, 꾸준히 사료를 주는 자신의 모습에 사람들도 관심을 갖게 되었고 간식을 주는 캣맘들도 생겼다고 했다.

얼마 전부터 일주일에 한 번씩 들러 사료를 주는 다른 캣맘이 생겨 자신은 더 이상 사료를 주지 않는다고 했다. 새로 사료를 주는 캣맘은 쉼터에 들를 때면 자신에게 연락해서 같이 온다고 했다. 새 캣맘이 사료를 줄 때 사람들이 싫은 소리를 할 수도 있어 부담스럽다고 동행을 요청해서 그렇다는 것이다. 어느 날 두 캣맘이 같이 사료를 주고 쉼터 정자에서 쉬고 있는데 여성 두 명이 정자 아래에 있는 사료통을 사진 찍었다. 캣맘이 왜 찍냐고 물으니 그네들은 사료통이 불법으로 있으니 사진 찍어서 민원을 제기할 거라고 말했다. 그래서 그네들을 설득하기 위해 한참이나 이야기를 나누었다고 했다.

망고가 새끼를 낳을 때의 이야기도 들려주었다. 산통이 오자 망고는 캣맘을 보고 울며 산기슭 아래 나무가 쌓여 있는 곳으로 이끌더니 그 안에 굴처럼 파인 곳에 새끼를 낳았다고 했다. 캣맘에게 분명 도움을 요청한 것이다. 그 후 캣맘은 망고가 몸을 회복하면서 새끼를 키울 수 있도록 그곳으로 먹을 것을 가져다주었다. 그때는 새끼들을 그렇게 애지중지하더니 지금은 콩쥐에게 냉랭하고 캣맘에게도 마찬가지라고 한다. 그래도 캣맘은 망고가 잘 살기 때문에 자신을 덜 찾는 것이니 좋다고 말했다.

캣맘과 이야기하는 중에 타이슨이 정자 아래에 들러 사료를 먹고 갔다. 그리고 까치 몇 마리도 그곳에서 사료를 먹었다. 캣맘은 정작 망고 모녀보다는 다른 뒷산고양이나 까치, 멧비둘기, 참새 같은 새들이 사료를 더 많이 먹는다고 했다. 그래도 배고픈 동물이 먹는 것이니 괜찮은 일이라 했다. 서양에는 정원에 모이통을 두고 새들을 불러들여 먹이는 버드 피딩(bird feeding)을 하는 사람이 많다. 망고의 캣맘은 의도하지 않은 버드 피딩을 하는 셈이었다. 같이 있던 할머니가 "망고야! 너 먹을 것 재들이 다 먹는다. 쫓아라!" 하고 외쳤다. 그러나 망고는 사료를 먹는 까치들에게 별 관심을 보이지 않았다.

망고의 사료를 노리고 까치들이 다가왔지만, 망고는 까치들에게 관심을 보이지 않았다.

망고와 콩쥐의 TNR

TNR은 trap(포획), neuter(중성화 수술), return(방사)의 약자로, 개체 수를 적절하게 유지하기 위해 야생화한 동물을 포획해 중성화 수술을 시행한 후 원래 살던 곳에 다시 풀어주는 활동이다. 캣맘들이 사료를 주면서 길고양이가 늘어나는 것 같아 TNR이 필요해 보였다.

망고에게 사료를 주는 캣맘에게 뒷산에 길고양이가 늘어날 수 있으니 중성화 수술이 필요하지 않겠느냐고 물어보았다. 캣맘은 중성화 수술에는 공감하지만 현실적으로 어려운 점이 있다고 말했다. 2019년 봄 구청에 전화해서 길고양이 포획 신청을 해서 망고에게 중성화 수술을 했다고 한다. 지자체에 신청하면 해당 지역의 길고양이 개체 수를 파악하는 작업을 거친 후 관공서와 계약한 포획인과 동물병원이 TNR을 진행한다. 비용은 무료이며 포획과 병원으로 이송하는 수고를 주민이 하지 않아도 되는 장점이 있다. 반면 지자체 예산의 한계로 민원 지역을 중심으로 시행되는 단점이 있다.

사람을 피하지 않는 망고는 수월하게 동물병원에서 중성화 수술을 받고 다시 뒷산으로 돌아왔다. 망고가 새끼를 낳고 중성화 수술을 받은 과정이 구청 소식지에 실리기도 했다. 캣맘을 아는 주민이 수기 형식으로 사람들의 따뜻한 관심 속에 길고양이 망고가 쉼터에 정착한 과정을 담담하고 소박하게 쓴 글이었다.

캣맘은 점점 성숙해지는 콩쥐를 걱정했다. 그해 지자체 TNR 사업은 이미 끝나서 더 이상 지원을 받을 수 없다고 했다. 캣맘들끼리 각출해서 중성화 수술을 시키는 방법도 의논했다고 한다. 그런데 그런 경우에는 동물보호단체에서 포획틀을 빌리고 반납해야 할 뿐만 아니라 중성화 수술 후 길고양이를 동물병원에 둘 수 없어 캣맘이 집에서 임시 보호해야 했다. 수술비보다 임시 보호가 더 문제라는 것이다. 사람들에 대한 경계심이 강한 콩쥐를 제때 잡을 수 있을지도 걱정이었다.

나는 콩쥐가 짜장과 같이 있는 모습을 보며 번식을 우려했다. 걱정이 되어 어떻게 방법이 없을까 지자체에 전화하니 캣맘의 말대로 그해 사업이 종료되었으니 내년에나 할 수 있다는 말이 돌아왔다. 나는 어쩔 수 없이 해를 넘기고 지자체에 다시 전화하기로 했다. 그런데 해가 바뀌고 1월에 산책하는데 콩쥐의 한쪽 귀가 조금 잘린 것을 보았다. 중성화 수술을 마친 것이다. 알고 보니 캣맘들이 힘을 합쳐 콩쥐의 중성화 수술을 해주었다. 콩쥐의 중성화 수술비는 캣맘과 캣대디가 분담했다. 사료를 주던 캣맘이 수술 후 일주일간 콩쥐를 집에서 보호했는데, 하루 종일 울어대고 집 안 여기저기에다 배설해서 곤욕을 치렀다고 한다. 각별한 마음이 없다면 개인이 TNR을 하는 것은 정말 어려운 일이다.

망고와 콩쥐를 제외하면 뒷산고양이 중 밤이만 중성화 수술을 받았다. 밤이는 새끼를 키우던 겨울이 지나고 이듬해 봄에 다시 만났을 때 귀에 중성화 수술 표시가 있었다. 밤이를 누가 중성화 수술을 했는지는 알 수 없었다. 캣맘들이 특별히 밤이를 언급한 적이 없는 것으로 봐서 밤이는 다른 지자체나 다른 캣맘에 의해 중성화 수술을 받았을 것이다. 뒷산고양이 중에는 산에만 있지 않고 동네와 뒷산을 오가는 개체들이 있다. 밤이도 그렇게 오가다가 동네에서 포획되어 중성화 수술을 받았을 수도 있다.

뒷산고양이가 사는 모습

인간에 대한 경계심

뒷산고양이 중 망고 · 철봉이 · 짜장 · 간짜장은 내게 다가왔고 나머지는 모두 강한 경계심을 보였다. 사람에게 친화적인 고양이와 경계하는 고양이의 차이는 어떤 요인으로 생겨났을까? 인간에 대한 경계심은 동물이 어린 시절의 특정 시기에 인간과 접촉했는지 여부에 따라 결정된다. 보통 개는 생후 5~9주 사이에 인간을 만났을 때 사람에 대한 경계심이 작고 친화적인 개가 된다. 고양이도 생후 3~9주가 사회화 시기로 이때 사람을 접했던 고양이는 사람에게 친근한 행동을 하고 그렇지 못했던 고양이는 사람을 경계한다. 이 시기에 쥐와 같이 자란 고양이는 쥐에 대해 친화적이어서 다 자란 후에도 쥐를 죽이지 않는다. 어린 시기에 접한 존재에 친화적인 '각인' 효과의 영향 때문이다.

이 기간의 학습도 고양이의 행동에 중대한 영향을 미친다. 이 시기에 어린 고양이는 어미의 행동을 스펀지가 물을 빨아들이듯 모방한다. 이때 어미가 먹잇감을 죽이고 먹는 모습을 접하면 사냥하는 고양이가 될 수 있다. 이 시기에 어미가 사람을 회피하는 모습을 보이면 새끼도 사람을 회피하고, 어미가 사람을 가까이하면 그런 모습을 배우게 된다.[04]

망고, 철봉이, 간짜장 등은 생후 3~9주 사이에 사람을 접했던 것으로 보인다. 원래 집고양이였을 수도 있고 길고양이 새끼이지만 사람을 가까이 했을 수도 있다. 콩쥐는 이 시기에 망고에게 먹을 것을 가져다주는 캣맘을 접하긴 했지만 충분하게 사람을 접하지 못했다. 그래서인지 사람을 어중간하게 경계했다. 다만 어미가 사람과 잘 지내는 모습을 보면서 콩쥐도 조금씩 사람에 대한 경계심을 풀었다.

인간에 대한 길고양이의 경계심이 나라마다 차이가 나는 것도 각인과 어린 시절의 학습 효과로 설명된다. 길고양이에게 호의적인 지역에서는 새끼 때 사람에게 친근한 어미의 모습을 볼 뿐만 아니라 사람을 접할 기회가 많다. 그러나 길고양이에게 적대적인 지역에서는 어미가 사람을 피할 것이므로 새끼도 사람을 만날 수 없어 인간을 경계하는 고양이로 성장한다.

고양이가 인간을 경계하는 정도를 몇 가지로 구분할 수 있다. 우선, 폭탄처럼 사람을 아주 경계해 되도록 멀리 떨어지려는 고양이다. 둘째, 사람을 피하지만 일정 거리만 확보되면 멀리 도망가지 않고 휴식을 취하는 고양이다. 길고양이 대부분이 여기에 속했다. 셋째, 망고나 철봉이처럼 어떤 사람도 경계하지 않고 손길을 거부하지 않는 친화적인 고양이다. 넷째, 사람에게 친화적이지만 처음에는 피하다 친해지면 다가오는 고양이다. 후에 농촌에서 만난 외출냥이 중에서 이런 고양이를 만날 수 있었다.

뒷산고양이의 은신술

많은 고양이가 뒷산에 있지만 산 곳곳을 2시간여 이상 산책해도 망고와 콩쥐를 제외하면 만나기 어려웠다. 고양이는 하루 24시간 중 85퍼센트 정도를 자거나 쉬면서 보낸다.[05] 잠자는 시간만 하루 16~17시간이다. 짧은 활동 시간 이외에는 어디선가 자거나 쉬면서 은신하기 때문에 길고양이를 만나기 어렵다. 그나마 겨울에는 주행성이 강해지기 때문에 처음 뒷산고양이 관찰을 시작했던 가을과 겨울에 많은 고양이를 만날 수 있었다. 야행성이 강해져 길고양이가 밤에 주로 돌아다니는 여름에는 길고양이를 만나기 더 어려웠다.

망고나 철봉이는 사람 옆에서도 휴식을 취하지만 사람을 경계하는 다른 고양이는 눈에 띄지 않는 다른 장소에서 쉬었다. 뒷산에서 은신할 가능성이 큰 장소는 덱 로드 아래다. 덱 로드는 산 전체를 에두르는 둘레길이라 꽤 길이가 길고, 넓은 면적을 차지하고 있다. 고양이는 동굴처럼 위가 가려진 공간을 좋아하는데 덱 로드 아래가 그런 곳이다. 거기에는 솎아낸 나무줄기와 가지가 많이 쌓여 있는데 고양이들이 숨기 좋다. 고양이는 몸이 유연해 아주 작은 틈으로도 들어갈 수 있어서 덱 로드 아래 쌓인 나뭇더미 속에 충분히 숨을 수 있다. 어떤 지점은 덱 로드와 지면 사이의 간격이 좁아서 그곳에 있는 것만으로도 충분히 은신할 수 있다. 덱 로드는 비나 눈이 올 때 피할 수 있는 좋은 장소이기도 하다.

덱 로드 외에도 나뭇등걸의 껍질에 생긴 빈틈도 뒷산고양이가 숨기 좋은 곳이다. 실제로 콩쥐와 다른 고양이 한 마리가 나뭇등걸 빈틈에 같이 들어가 있는 것을 본 적이 있다. 덱 로드 아래에는 캣맘들이 스티로폼으로 만든 집들이 군데군데 있었지만 뒷산고양이들이 이용한 흔적은 거의 없었다. 쉼터 옆 황매화 수풀에 있던 스티로폼 집에 콩쥐가 들어가 있는 것을 본 것이 유일하다. 물론 은신 장소를 선택하는 것은 고양이 마음이다. 아무래도 은신처의 재질로 인공물보다는 나무와 같은 자연물을 선호할 듯싶다.

콩쥐와 친해지기

콩쥐는 처음에는 정자 아래 사료를 몰래 먹고 쉼터 옆 숲으로 돌아갔지만 망고 껌딱지가 되면서 쉼터에 눌러앉았다. 원래 사람을 피했던 콩쥐는 점점 어미를 닮아가면서 사람에 대한 경계심이 줄어들었다. 그래도 콩쥐는 만지는 것을 한참 동안 허용하지 않았다. 내가 간식을 올려놓고 손을 내밀면 망고처럼 주둥이를 대고 먹지 않고 앞발로 건드려 간식을 떨어뜨리려 했다. 나중에는 빈손을 내밀어도 앞발을 휘둘렀다. 이렇게 콩쥐는 사람이 손대는 것만은 꺼렸지만 시간이 가면서 점점 더 사람들과 친숙해졌다. 그러다 태어난 다음 해 봄에 내 손길을 받아들였다.

사람 손길을 피하면서도 콩쥐는 나뭇가지를 이리저리 눈앞에서 왔다 갔다 해주면 동공이 커지면서 관심을 보였다. 콩쥐가 몸을 잔뜩 웅크렸다가 나뭇가지를 향해 달려들면 나뭇가지를 이리저리 옮기며 콩쥐가 따라다니게 했다. 점점 살이 찌는 망고를 보면 콩쥐도 그러기 전에 체중 관리가 필요해서 운동을 시켜준다는 생각으로 쉼터에 들를 때마다 장난을 쳤다.

콩쥐가 그런 것처럼 고양이들은 움직이는 물체에 반응해 공격하는 놀이를 좋아한다. 그럴 때는 잔뜩 주의를 기울여서인지 동공도 커졌다. 원래 야생동물의 놀이는 살아가는 데 필요한 행동을 익히면서 무리와의 결속을 다지는 행위다. 무리를 이루는 늑대나 들개는 서로 쫓고 쫓기며 몸싸움을 하는 사회적 놀이를 주로 한다. 이런 놀이를 통해 구성원끼리 돈독한 유대관계를 쌓는다.

그런데 고양이는 혼자 놀기의 대가다. 특히 혼자 사는 길고양이는 집단의 결속을 위한 놀이를 할 필요가 없다. 그래서 상대방과 쫓고 쫓기는 길고양이의 사회적 놀이는 생후 12~19주에 급격히 줄어든다. 또 그 시기 이후에는 어미에게서 독립해 다른 고양이와 만나는 기회도 줄게 된다.[06] 성체가 된 길고양이는 사회적 놀이 대신 조용히 접근해서 덮치거나 움직이는 물체

산책객들과 장난하는 콩쥐

를 공격하는 놀이를 좋아한다. 그래서 고양이는 쥐를 잡더라도 바로 죽이지 않고 쥐의 움직임을 즐기며 한참 가지고 놀다가 죽인다. 나는 콩쥐에게 그런 놀이를 할 기회를 준 것이다.

놀이 행동을 같이하면서 나에 대한 경계심이 줄어든 것일까? 어느 날 놀이를 마치고 나뭇가지로 콩쥐의 머리를 쓰다듬으니 가만히 있었다. 직접 손이 닿는 것은 꺼렸지만 나뭇가지로 간접적으로 접촉하는 것은 덜 거북해했다. 손보다 나뭇가지를 더 편안해하는 것은 망고도 마찬가지였다. 항상 그런 건 아니지만 망고는 손으로 쓰다듬으면 이빨을 드러내며 싫은 내색을 했다. 사람이 쓰다듬는 시간이 길어지거나 손의 압력이 강하면 고양이는 그런 거부 반응을 보인다. 인간의 의도와 달리 고양이에게는 귀찮고 거북한 행동인 것이다. 그런데 나뭇가지로 쓰다듬을 때는 한 번도 그런 거부 반응을 보인 적이 없었다.

그러던 어느 날 나뭇가지로 콩쥐의 머리를 쓰다듬다가 조심스레 손을 댔다. 콩쥐는 가만히 있으면서 손으로 쓰다듬는 것을 받아들였다. 그 뒤에도 콩쥐는 같은 모습을 보였다. 처음부터 손을 내밀면 도망치다가도 나뭇가지로 쓰다듬다가 손으로 만지면 받아들였다. 나중에 보니 콩쥐는 다른 캣맘들의 손길도 받아들이고 있었다. 내가 본 어떤 캣맘은 위생을 고려해서인지 비닐장갑을 끼고 만지든지 빳빳한 종이와 테이프로 만든 소도구로 콩쥐를 쓰다듬었다. 그렇게 쓰다듬어주면 콩쥐는 눈을 게슴츠레 뜨고 편안히 받아들였다. 캣맘들이 뭐라 말하면 야옹 하고 화답도 했다. 간식을 챙겨주는 캣맘에게는 친근하게 다가가서 몸이 비비며 애정을 표하기도 했다. 그에 비하면 나는 썩 마음에 드는 상대는 아닌 것 같았다. 나를 보면 언제나 처음에는 경계하며 손길을 피하려 했기 때문이다.

이렇게 해서 콩쥐는 태어난 지 일 년 만에 사람의 손을 받아들이는 고양이가 되었다. 어린 시절 사람을 두려워했지만 오랜 시간 사람들과 접촉하면서 사람의 손길을 받아들이게 된 것이다. 어린 시절에 사람과의 접촉이 별로 없어도 오랫동안 사람과 친근한 경험을 가지면 길고양이도 사람에게 친화적인 고양이가 될 수 있음을 콩쥐는 보여주었다.

그 후로 콩쥐를 만나기 위해 퇴근길에 운동 삼아 쉼터로 산책을 했다. 쉼터에 들르면 망고가 먼저 야옹 하고 다가와서 반겼다. 그리고 조금 있으면 콩쥐가 다가왔다. 나뭇가지를 이리저리 움직여 콩쥐를 운동을 시킨 후 나뭇가지로 쓰다듬다가 손으로 쓰다듬어주었다.

사람은 동물과 좀 친해졌다 싶으면 만지고 싶은 욕구가 생긴다. 야생동

나뭇가지로 쓰다듬다가 손으로 만지자 콩쥐는 그 손길을 받아들였다.

물을 만지면 질병 감염의 우려가 있다는 생각이 들면서도 자꾸 콩쥐를 만지고 싶었다. 그러나 망고와 콩쥐는 손보다 나뭇가지로 쓰다듬는 것을 편안해해서 되도록 나뭇가지로 쓰다듬으려 했다. 쓰다듬는 것을 멈추면 망고와 콩쥐는 가까운 곳에 앉았다. 망고와 콩쥐를 만나는 저녁은 마음이 편안해지고 위안이 되는 시간이었다. 쉼터 주변의 나뭇잎들이 삽상하게 부는 바람에 흔들리던 저녁이 기억난다. 망고와 콩쥐와 함께 있으면서 더없는 평화로움을 그 저녁에 느꼈다.

함께 있는 시간을 마치고 집으로 돌아가려 하면 망고와 콩쥐는 뒤를 따라와 덱 로드 어귀에서 걸음을 멈추었다. 그러나 그 눈빛은 아쉽게 나를 보내는 것이 아니라 이곳저곳을 보며 딴청을 부리는 듯했다. 한번은 병원 쪽으로 내려가는데 망고가 따라왔다. 그런데 망고는 콩쥐가 따라오지 않자 평소에 그렇게 구박하면서도 계속 뒤를 돌아보며 콩쥐가 오는지를 살폈다. 망고도 콩쥐에 은근히 의탁하고 있는 것일까. 고양이는 정말 속내를 알 수 없는 알쏭달쏭한 동물이다.

콩쥐가 어미를 떠나지 않고 쉼터에 남은 것은 탁월한 선택이었다. 늘 풍족하게 먹이가 주어졌고 사람들의 도움으로 안전하게 살 수 있었다. 시간이 지나면서 망고도 콩쥐를 받아들여 그렇게까지 거부 반응을 보이진 않았다. 그래도 아주 가까이 다가오면 망고는 콩쥐에게 한두 대씩 펀치를 날렸다.

시간이 지나면서 콩쥐에 대한 거부감이 어느 정도 줄어들었는지 망고는
꽤 가까운 거리에 콩쥐(앞쪽)가 있는 것을 허용했다. 하지만 가까이 다가오면 펀치를 날렸다.

타이슨의 침공

콩쥐가 쉼터에 정착해 잘 살게 되었지만 완전히 안심할 수는 없었다. 깡패 고양이 타이슨이 때때로 콩쥐를 공격했기 때문이다. 타이슨은 백설기나 누룽지처럼 소리로 위협하는 것에 그치지 않고 망고나 콩쥐를 물리적으로 공격했다. 특히 콩쥐를 심하게 공격했다. 콩쥐가 아직 어리고 성격이 야무지지 못해서 공격하기 좋았던 모양이다. 그로 인해 콩쥐는 종종 부상을 입었다. 타이슨이 아닌 다른 고양이의 소행일 수도 있지만, 타이슨이 다른 고양이를 공격하는 모습을 자주 목격했으므로 녀석이 그랬을 가능성이 가장 컸다. 타이슨은 공격성이 강해서 암컷이라고 봐주지 않았다. 캣맘들도 타이슨의 횡포를 걱정했다. 망고는 한 차례 엉덩이에 심한 상처를 입은 반면 콩쥐는 무려 세 번이나 공격을 받았다고 한다. 나도 콩쥐가 뒷다리를 물려 상처를 입은 채로 절뚝거리며 다니는 것을 본 적이 있다. 망고 모녀에게 타이슨은 위협적인 존재였다.

어느 날, 콩쥐와 쉼터에서 놀고 있는데 타이슨이 나타났다. 콩쥐를 노린 것으로 보이는데, 나를 보고는 멈추어서 기회를 노렸다. 이전에 호되게 당한 탓인지 콩쥐는 뒤도 안 돌아보고 달아났다. 타이슨은 더 쫓지 않고 방향을 돌려 예전에 예비군훈련장이 있던 방향으로 이동했다. 그리고 그 아래 연립주택가로 내려갔다. 타이슨의 영역은 병원 사택에서 쉼터를 거쳐 산 반대편 연립주택가도 포함되어 있었다.

사람들 말로는 콩쥐를 걱정해 타이슨을 쫓아도 능글거리면서 아주 조금만 뒤로 물러난다고 한다. 한 캣맘은 콩쥐에게 연어 캔을 주면서 걱정 가득한 목소리로 "맨날 이렇게 다치니 너는 여기 살 팔자가 아닌가 보다. 누가 너를 데려다 키웠으면 좋겠다"라고 말했다. 타이슨은 망고 모녀에게 항상 잠재적 위협으로 그 주변을 맴돌았다. 콩쥐를 괴롭히는 고양이로 백설기를 지목하는 사람도 있었다. 사실 타이슨과 백설기 말고도 모든 고양이가 망고 모녀에게 위협이 될 수 있었다. 그래서 망고 모녀는 사람이 있는 안전한 낮에만 쉼터에 있었다.

고양이와 산책을

언제부터인가 뒷산고양이를 만나러 가는 것이 생활의 한 부분이 되었다. 사계절에 걸쳐 산책하면서 많은 뒷산고양이를 만났다. 주말이면 하루는 꼭 산책했고 퇴근길에도 시간이 있으면 뒷산에서 산보하고 귀가했다. 산보할 때면 꼭 쉼터와 병원 산책로 입구에 들러 망고, 콩쥐, 철봉이, 간짜장을 만났다. 그들이 없으면 어디 있나 주변을 두리번거렸다. 나를 만나면 야옹 하며 다가오는 녀석들을 보면 기분이 좋았다.

콩쥐는 조금 변덕이 있어서 어떨 때는 가까이 다가갈 수 있지만 어떨 때는 나를 피했다. 이런 모습을 간짜장도 보였다. 간짜장은 어떤 날은 내 다리에 얼굴을 비비며 반가워하다가도 어떤 날은 피해서 도망갔다. 대체로 똑바로 서서 직선으로 빨리 다가가면 피했다. 아는 사람이어도 그런 행동은 불편한 모양이었다. 천천히 옆으로 다가가거나 앉아서 다가가야 비교적 덜 피했다.

가족이 동물을 키우는 것을 반대했기 때문에 집 안에 반려동물을 둘 수 없었다. 산책 중에 만나 교감할 수 있는 뒷산고양이들이 반려동물처럼 주인을 반기듯 하지는 않지만 덤덤하면서 평온한 태도로 반겨주면 위안이 되었다.

내심을 말하면 철봉이와 간짜장보다 망고와 콩쥐 모녀에게 정이 더 갔다. 그래서 철봉이와 간짜장에게 먼저 들르고 그다음 산책의 하이라이트로 망고 모녀에게 들렀다. 철봉이, 간짜장, 콩쥐는 돌아가면서 있을 때도 있고 없을 때도 있었다. 그러나 망고는 대부분 있었다. 내가 쉼터 벤치에 앉

멀지 않은 곳에 같이 있어주는 것이 망고의 애정 표현이었다.

으면 망고는 특별한 애정 표현은 하지 않았지만 벤치 근처로 다가와 앉았다. 같이 있는 것이 망고의 애정 표현이었다.

사람을 따르는 뒷산고양이만이 아니라 멀리 떨어져서만 볼 수 있는 고양이를 만나는 것도 산책길의 즐거움이었다. 고양이를 보면 내가 아는 고양이가 저기 잘 있구나 하는 마음으로 보았다. 그걸로 마음이 편안하고 좋았다. 망고나 콩쥐처럼 그곳에 가면 거의 만날 수 있는 고양이도 있지만 대부분은 언제 다시 볼지 알 수 없었다. 한참 동안 안 보여 사라졌는가 싶으면 다시 나타나는 고양이도 있지만, 어느 순간부터 보이지 않는 고양이도 있었다.

딱 한 번 만나고 다시 못 본 고양이도 있었다. 젊은 수컷은 여행 행동을 보이기도 한다. 자신의 영역을 떠나 여러 주 동안 다른 지역을 떠돌다가 돌아온다. 대개 두세 살 무렵 이후에 이런 행동을 보인다. 무슨 이유에서 그러는지 아직 모른다. 우리가 배낭여행을 하듯 고양이 사회를 알기 위해 떠나는 것일까?[07] 딱 한 번 마주치고 다시 볼 수 없었던 길고양이는 그런 여행자였을까?

길고양이는 나를 좋아할까

길고양이들을 접하면서 그들이 나를 어떻게 생각할지 궁금했다. 길고양이들은 캣맘처럼 그들에게 호의를 보이는 사람을 다른 사람들과 차이를 두고 좋아할까? 이런 궁금증이 생긴 것은 뒷산에서 만났던 사람을 따르는 길고양이들이 내게는 별로 애정을 표하지 않고 냉랭했기 때문이다. 간혹 호의적이다가 어떨 때는 싫은 내색을 해서 그들의 내심을 알기 어려웠다.

망고는 야옹 하고 반기며 다가오는가 하면 어떤 날은 본체만체했다. 어떨 때는 나를 보고 후다닥 도망갔다. 만지면 눈을 게슴츠레 뜨고 가만히 있기도 하지만 어떨 땐 이빨을 드러내며 싫어했다. "망고야" 부르면 "야옹" 하고 살갑게 대답할 때도 있지만 대부분은 못 들은 것처럼 반응이 없었다. 일일이 반응하는 게 귀찮은 듯했다. 고양이는 원래 단독생활 동물이므로 무리 동물인 개와 달리 상대방에 대한 반응이 덜 적극적이다. 그래서 고양이는 이렇다고 정확히 규정하기 어렵고 행동도 불규칙하다. 이렇게 사람을 좋아하는지 아닌지 알 수 없는 모습에 사람들은 조바심을 느끼면서도 고양이에게 끌린다.

망고 외에 다른 고양이도 알 수 없는 행동을 한다. 간짜장도 어떨 때는 얼굴을 열렬히 비비며 애정을 표현하고, 어떨 때는 처음 본 사람 대하듯 도망갔다. 대체로 사람에게 친근한 길고양이라도 아는 사람을 만났을 때 유달리 크게 반기지는 않았다. 그렇지만 심리적으로 의지하는 면은 있어 보였다. 망고는 어느 정도는 내게 의지했다. 어느 날, 산책객이 개 두 마리를 데리고 쉼터 쪽으로 올라왔다. 개를 보자 망고는 뒤로 물러나 어디론가 가려 했다. 개들은 나대지 않고 주인의 멈추라는 명령을 그대로 따랐다. 그에게 "개들이 훈련이 잘됐네요"라고 말을 걸자 주인은 "지나가도 될까요?"라고 물어왔다. 망고가 그새 내 발 사이에 들어와 있었던 것이다. 개들을 보고 나에게 의지한 것이다.

망고는 개들을 만났을 때의 행동을 까치 떼를 만났을 때도 보였다. 쉼터 바로 아래 숲에 많은 수의 까치 떼가 있었다. 특히 저녁이 되면 그곳에 모여들었는데 어느 날은 20여 마리가 산책로를 가로막고 앉아 있었다. 그 모습이 위압적이었는지 산책하던 한 여성이 발길을 돌렸다. 새를 보면 간혹 잔뜩 웅크리고 다가가던 망고도 까치들의 기세에 눌렸는지 멀거니 쳐다봤다. 갑자기 나는 까치 떼를 가까이에서 보고 싶어져 다가갔다. 그러자 까치들은 인접한 나무들로 날아가서 시끄럽게 울었다. 그때 망고가 내 옆으로 슬그머니 왔다.

사람에 의지해서 같이 움직이는 모습은 콩쥐에게서도 볼 수 있었다. 어느 날 누룽지가 정자 아래에서 사료를 먹고 있었다. 일단 항복한 망고는 물론이고 콩쥐도 가만히 누룽지를 지켜보았다. 그러나 내가 사진을 찍기 위해 누룽지 근처로 가자 망고와 콩쥐 모두 같이 다가갔다. 고양이가 사람과 동조 행동을 한 것이다. 콩쥐는 아예 누룽지 얼굴에 콧등을 맞대었다. 걱

용기 내어 누룽지에게 다가가는 콩쥐

정과 달리 누룽지는 콩쥐를 공격하지 않고 가만히 있었다.

이런 전반적인 모습을 보면 길고양이 중 나에게 다가오는 녀석들은 분명 약간의 호감이 있는 것으로 보였다. 물론 그것은 반려묘가 주인을 반기는 것과는 다른 성격으로 일정 정도의 거리를 원하는 절제된 호감이다. 그리고 그 호감의 표현도 자주 하는 게 아니라 가끔 한다.

반면 사람에게 다가오지 않는 길고양이는 아무리 먹이를 주어도 상대방을 좋아하지 않았다. 한동안 먹을 것을 주며 길고양이의 호감을 얻으려 시도했으나 아무런 도움이 되지 않았다. 괜히 길고양이 행동의 맥을 끊기만 해서 관찰에 방해되었다. 그래서 길고양이에게 간식을 던져주어 관심을 끌려는 행동을 멈추었다. 그냥 그들의 행동을 방해하지 않고 길고양이가 움직이는 대로 시선을 따라갔다. 사람에 대해 각인되지 않은 길고양이는 기본적으로 사람을 신뢰하지 않는다.

길고양이의 번식

해가 바뀌면서 뒷산고양이들이 발정을 시작했다. 길고양이는 계절과 연동해 발정한다. 겨우내 짧았던 낮의 길이가 길어지면 발정이 일어난다. 해가 가장 짧은 동지가 지나면 암고양이들이 발정을 시작한다. 길고양이의 발정은 1월에 시작되어 2월에 정점을 이루고 3월 말쯤에 끝난다. 이 시기에 번식에 실패한 암고양이들은 5월경에 다시 발정한다.

뒷산에서는 3월이 되어서야 길고양이의 발정음이 많이 들렸다. "아오 아오" 하는 아기 울음 같은 소리로 짝짓기 상대를 찾았다. 이런 발정음은 번식기에 고양이가 싸우는 소리와 함께 사람들이 길고양이를 안 좋아하는 중요한 이유다. 이 시기에 암컷들은 발정음을 내기도 하지만 자주 배뇨하거나 신체 중 냄새샘이 있는 곳을 여기저기 문지르는 마킹 행위를 통해 발정했음을 수컷들에게 알린다.

발정기가 되자 뒷산고양이들은 자신의 중심 영역을 떠나 뒷산과 동네를 오가며 짝을 찾았다. 대학 뒤편을 중심으로 사는 깜장이 동네 화단에 나타났다가 다른 날에는 산 너머에 있는 초등학교 뒤편에 나타났다. 예비군훈련장 근처에서 보이던 폭탄도 그곳을 떠나 반대편 산책로 입구에 나타났다.

번식기가 되면서 수컷 간의 경쟁이 심해져 길고양이들의 합창이 뒷산에 울려 퍼졌다. 짝짓기와 영역을 두고 수컷끼리 서로를 위협하는 것이다. 한쪽에서 앙칼지게 울어대면 반대편에서 이에 질세라 날카롭게 응수했다. 수컷의 영역은 여러 암컷의 영역을 포괄하는데 그 영역이 수컷 간에 중복

욕지항 주차장에서 보았던 길고양이들의 울음 싸움.
차량 사이에서 날카롭게 울면서 서로의 기세를 20분가량 겨루었다.

되는 경우가 많다. 암수 영역이 이와 같은 유형의 동물은 암컷을 차지하기 위한 수컷 간의 경쟁이 심하다. 수컷 사이의 싸움은 전적으로 남성 호르몬인 테스토스테론 때문에 일어난다. 중성화 수술을 한 수고양이의 90퍼센트는 싸움을 하지 않는다.

영역과 번식을 위해 싸워야 하는 길고양이 수컷은 암컷보다 체중이 무겁고 공격적이다. 그렇지만 수컷들은 번식기에 직접 싸우는 것보다 울음으로 싸우길 좋아한다. 50센티미터 이내의 가까운 거리에서 서로 얼굴을 마주하고 공격적으로 노려보며 "우~으" 하며 길게 쥐어짜면서 운다. 대개 몇 분이면 끝나지만 30분이 넘게 계속되기도 한다. 그러다 기가 눌린 고양이가 먼저 눈을 돌린다. 그러면 우세에 있는 고양이도 울음을 멈추고 노려본다. 열세인 수컷이 긴장한 채 천천히 등을 돌려 그곳을 떠나는 것으로 승부가 결정된다. 불필요한 상처를 입지 않고 서열을 인정하기 위함이다. 간혹 흥분한 쪽이 상대에게 달려들면 싸움이 일어나기도 한다. 그러나 격투를 하면 자칫 심한 상처를 입을 수 있으므로 울음소리로 승부를 가리는 것이 훨씬 낫다. 뒷산이나 동네에서 만난 고양이들은 번식 목적 외에 암컷과 암컷, 암컷과 수컷 사이의 우열을 가리기 위해 울음 싸움을 종종 벌였다.

울음 싸움의 승부는 대체로 몸무게가 무거운 쪽이 이긴다. 고양이는 암수를 떠나 몸길이가 50센티미터 내외로 비슷하지만 수고양이의 몸무게는 2.5~5킬로그램으로 차이가 크다. 일본의 고양이섬 아이노시마에서의 연구에 따르면 길고양이 수컷 싸움 중 73퍼센트는 몸무게가 많이 나가는 개체의 승리로 끝났다. 나머지 27퍼센트는 자신의 영역이 아닌 곳에 들어간 큰 고양이가 그곳의 작은 고양이에게 물러나는 경우다. 몸무게가 많이 나가더라도 다른 고양이의 영역에서는 위축된다. "똥개도 자기 집에서는 반은 먹고 들어간다"는 말은 고양이에게도 적용된다. 외출냥이가 길고양이 번식기에 우위 개체가 되기도 한다. 안락한 생활을 해서 약할 것이라는 편견과 달리 그들은 충분한 영양을 섭취해 몸무게가 더 나가고 체력도 강해서 번식에서 우위를 차지한다. 낮에는 애교쟁이 고양이가 밤이면 마초가 되는 것이다.[08]

고양이 암컷은 6~10개월에 첫 발정을 하고 수컷도 10개월 정도이면 번식 능력을 갖는다. 고양이의 짝짓기는 약 3분의 짧은 시간에 끝난다. 길고양이는 짝짓기 후 암컷이 수컷의 콧등을 때린다. 뾰족한 돌기로 뒤덮인 수컷의 성기가 사정 후 암컷의 질을 빠져나올 때 강한 고통을 주기 때문이다. 이런 고통은 암컷의 배란을 위해 필요하다. 일정 정도 이상으로 암컷의 질을 강하게 자극해야 배란이 되기 때문이다. 고양이는 교미한 지 24~48

시간 후에 배란하므로 임신율은 거의 100퍼센트다.

발정기의 암컷은 여러 수컷이 몰려올 때까지 기다리며 며칠간 교미하지 않는다. 싸움에서 이긴 가장 강한 수컷과 교미하기 위한 행동이다. 또 이와는 상반되게 길고양이는 여러 수컷과 동시에 짝짓기한다. 이러한 짝짓기는 질 내에서 여러 정자가 경쟁해 가장 건강한 정자가 수정되면서 유전적 다양성을 높이는 효과도 있다.[09] 고양이는 심지어 임신 중에도 발정과 배란을 하여 서로 다른 수컷의 새끼를 각각 다른 시기에 착상할 수 있다.

양육과 독립

길고양이는 1~5월 사이에 교미한 후 2개월 정도의 임신 기간을 거쳐 온화한 봄과 여름에 새끼를 낳아 키운다. 이후 3~6개월의 양육이 끝나면 어미는 새끼를 독립시킨다. 따라서 길고양이는 상당히 어릴 때부터 독자적으로 삶을 꾸린다.

망고와 밤이는 이런 일반적인 과정을 밟았다. 망고는 3월에 새끼를 낳아서 흥부와 놀부를 9월에 독립시켰다. 밤이는 12월에 독립할 무렵의 흥부나 놀부만 한 새끼와 함께 있었다. 역산하면 6월경에 새끼를 낳은 것이다. 그런데 12월쯤 밤이의 새끼보다 상당히 어려 보이는 새끼와 같이 있는 길고양이를 본 적이 있다. 일반적인 시기와 다른 시기에 새끼를 낳아 키우기도 하는 것이다.

뒷산에서 가장 성공적으로 번식을 한 고양이는 폭탄이었다. 2020년 8

새끼에게 다가가는 나와 맞서는 용감한 폭탄

월 폭탄을 산책로 입구에서 만났다. 덱 로드에서 10~20미터쯤 떨어진 바위 위였다. 그런데 주변에 무려 다섯 마리의 새끼가 있었다. 호기심에 나무 계단을 벗어나 다가가니 폭탄은 '우~으' 하는 위협음을 내며 나를 쳐다보았다. 새끼를 위해 자신의 25배나 되는 상대와 대치한 것이다. 내가 폭탄을 지켜보는 사이에 새끼들은 어디론가 달아나서 보이지 않았다. 야무진 성격인 폭탄은 새끼들을 잘 키워서 독립시키리라 기대되었다.

길고양이는 망고나 폭탄처럼 보통 3~6마리의 새끼를 낳는다. 이에 맞게 고양이의 유두는 여덟 개다. 불필요한 경쟁을 피하려고 새끼들은 정해진 젖꼭지만 빤다. 고양이는 4주 정도이면 다른 음식을 먹기 시작하고 5~6주면 젖을 뗀다. 독립하는 시기가 주로 가을과 겨울이므로 새끼들은 만만치 않은 첫 추위를 넘겨야 한다. 그래서 어린 시기에 죽는 길고양이가 많다. 어린 시기에 추위, 먹이 부족, 질병, 각종 사고에 노출되기 때문이다.

동족인 성체 길고양이도 어린 길고양이에게 위협이 된다. 먹이와 은신처를 선점한 성체로 인해 어린 길고양이는 자리를 잡지 못하고 도태될 수 있다. 어린 길고양이 중에는 사람에게 접근해 집고양이가 되기도 한다. 성체와의 경쟁을 피할 수 있으므로 어린 길고양이가 흔히 집사라고 불리는 사람을 선택하는 것은 훌륭한 생존 전략이다.

길고양이의 암수 간 애정과 어미의 모정은 번식기에만 유효하다. 길고양이는 암수가 영구적인 짝을 맺지 않으며 양육은 오로지 암컷의 몫이다. 그래서 아비 없이 콩쥐 삼남매를 망고 혼자서 키웠다. 망고는 캣맘의 마음을 애잔하게 할 정도로 콩쥐 삼남매를 끔찍이 위했다. 그러나 독립 시기가 되자 호되게 몰아세워 새끼들을 쫓아냈다. 끝까지 남은 콩쥐는 마지못해 허용했지만 별로 애성을 보이지 않는다. 단독생활 동물인 고양이에게 제 새끼일지라도 성장하고 나면 남과 같다. 물론 자연의 이치이므로 인간의 가치관을 투사해서 판단할 사항은 아니다.

해맞이광장의 새로운 무리

2020년에는 무려 54일의 기록적인 장마가 있었다. 퇴근 후 산책을 할 수 없는 날이 많았다. 우산을 쓰고 뒷산에 들르기도 했지만 길고양이들은 볼 수 없었다. 긴 여름 장마 후로 잭과 누룽지는 다시 만날 수 없었다. 간짜장도 사라지고 병원 산책로 입구에는 철봉이만 남았다. 장마 동안 무슨 일이 있었던 것일까.

사라진 고양이가 있는 반면 새로 만난 고양이도 있었다. 장마가 끝나고 며칠 후 산책로로 길고양이들이 쏟아져 나왔다. 긴 장마를 이겨낸 그들의 모습은 평온해 보였다. 덱 로드 주변에서 독립한 지 얼마 안 돼 보이는 고등어, 턱시도, 노랑이를 각각 만났다. 그리고 뒷산 정상에 있는 해맞이광장 주변에서 한 무리의 고양이들을 새로 만났다.

가장 먼저 만난 것은 온몸에 고등어 무늬가 있는 암컷 길고양이였다. 거무튀튀한 모습에서 꽁보리밥을 떠올라 '보리'라고 이름 지었다. 나를 유심히 쳐다보기에 간식을 땅에 놓았더니 다가와서는 배가 고팠는지 게걸스럽게 먹었다. 간식을 다 먹고 어디론가 가기에 따라갔더니 해맞이광장 주변에 설치된 나무 울타리 아래에 숨었다.

보리는 사람을 따르긴 했지만 처음 대면할 때면 항상 주춤하며 도망갔다. 간식 봉지를 부스럭거리면 그제야 '야옹' 하고 다가왔다. 모든 사람에게

보리는 사람에게 주저주저 조심스레 다가왔다. 보리에게는 중성화 표시가 있었다.

쉽게 다가가는 길고양이도 있지만 보리처럼 간을 보면서 다가오는 길고양이도 있다. 이런 길고양이는 사람에 대한 두려움이 옅어 적극적으로 회피하지는 않지만, 주저주저 조심하며 다가오다가 사람이 의심스러운 행동을 하면 몸을 피하려 한다.

보리를 시작으로 해맞이광장에서 새로운 고양이들을 만났다. 새로운 무리가 만들어지고 있는 것이었다. 우선 깜장이 해맞이광장 주변에 자리 잡았다. 해맞이광장 아래 수크령이 많이 있는 곳의 벤치 주변에서 여러 길고양이를 만났다. 수컷 노랑이는 수크령 수풀에서 보았다고 '수크령'이라 이름 지었다. 녀석은 사람을 많이 경계했다.

보리와 비슷하게 생긴 암고양이는 보리에 이어서 곡물 이름을 따서 '수수'라 불렀다. 수수는 사람을 따르는 길고양이였다. 그렇지만 아주 살가운 편도 아니어서 좀 무덤덤하게 사람을 대했다.

보리, 깜장, 수크령, 수수는 연대하는 사이는 아니고 공간을 같이 점유하는 쪽에 가까웠다. 보리와 수수는 수크령을 무서워했다. 보리는 수크령을 보면 바로 도망갔고 수수는 자기 자리를 지키며 하악질을 하며 경계했다. 보리와 깜장은 거리를 두고 서로를 경계했다. 보리와 수수는 서로 가까운 위치에 있기는 했지만 얼굴이 닿을 정도로 가까워지면 펀치를 교환했다. 쌍방 폭행과 일방 폭행의 차이가 있지만 망고가 콩쥐에게 하는 행동과 같았다. 그렇다고 심한 싸움으로 이어지지는 않았다.

이처럼 같이 있되 직접 접촉을 싫어하는 모습은 여느 길고양이들에게도 여러 번 볼 수 있었다. 반면 같은 암컷끼리 얼굴을 비비며 친근감을 보이는 경우도 볼 수 있어서 길고양이의 개성과 관계에 따라 달리 행동함을

여러 곳을 떠돌던 깜장은 해맞이광장에 자리를 잡았다.

수크령 수풀 옆에서 만난 수컷 노랑이 수크령

보리를 닮은 수수. 둘이 혈연적 관계가 아닐까 싶다.

알 수 있었다.

해맞이광장 무리는 어떻게 갑자기 나타났을까? 누군가 먹이를 주기 시작했기 때문이다. 수크령 수풀 벤치 주변에 물과 사료가 보였다. 먹이가 놓이면서 고양이들이 모여든 것이다. 우선은 망고에게 사료를 주는 캣맘이 떠올랐다. 얼마 전부터 새로운 장소에 고양이밥을 주고 있다는 말을 들었기 때문이다. 캣맘에게 물으니 해맞이광장이 아닌 다른 곳에서 먹이를 주고 있다고 말했다. 지인과 정자에서 간식을 먹는데 길고양이가 다가와서 먹을 것을 주었더니 어딘가에 먹이를 가져다주고 다시 왔다고 한다. 새끼를 키우고 있는 것 같아 불쌍해 보여 새로 밥자리를 마련했다는 것이다. 그곳에도 길고양이가 정말 많아 자신이 먹이를 주기 전에는 어떻게 살았는지 모르겠다고 했다.

마음이 착잡했다. 캣맘들이 길고양이에게 밥을 주는 것이 처음에는 보기 좋았지만 계속 밥자리가 생기면 길고양이가 지나치게 늘어날까 걱정되었다. 그래서 망고의 캣맘에게 길고양이는 돌아다니면서 먹이를 찾으니 걱정 말라고 말했다. 캣맘은 잠깐 표정이 굳더니 아이들도 엄마가 밥을 차려주면 행복하게 먹지만 얻어먹으러 돌아다니면 불행하지 않냐고 되물었다. 여러 군데 밥자리를 돌아다니려니 자신도 힘들지만 동물을 돌보면서 마음이 부자가 되었다고 했다. 배고픈 짐승에게 먹이를 주는 것은 좋은 일이라는 캣맘의 신념은 확고했다.

캣맘의 확고한 태도가 보기 좋으면서도 마음이 복잡했다. 야생동물에게 먹이를 주는 것은 생태계를 교란시킬 우려가 있다. 적정 수준 이상으로 늘어난 길고양이는 과밀화로 더욱 어렵게 살게 되고 새와 같은 다른 동물들에게 위협이 될 소지가 있다. 그런데 만일 사료를 딱 끊어버린다면 스스로 먹이를 찾아본 경험이 없는 망고와 콩쥐는 위태로운 상황에 놓일 수도 있다. 길고양이에게 먹이를 주는 것이 맞는가는 결론 내리기 어려운 문제다. 이렇게 고민하는 나도 간혹 망고와 콩쥐에게 간식을 주고 있지 않은가. 그들을 보면 간식을 주고 싶은 생각이 스멀스멀 일어났다. 어느 날, 젊은 캣맘이 해맞이광장에 사료와 물을 놓고 가는 것을 보았다. 그 캣맘은 어떻게 길고양이 먹이를 주기 시작했을까.

해맞이공원의 길고양이 중 수크령은 수컷이고 나머지는 암컷이다. 다행히 보리에게는 중성화 표시가 있었다. 나머지는 그런 표시가 없어 번식으로 개체가 늘어날 수 있었다.

밤에 쉼터에 들러 사료와 물을 먹는 분홍코

가을과 겨울 그리고 둘리 남매

가을이 깊어가면서 밤이 일찍 찾아왔다. 퇴근길에 뒷산에 올라도 날이 이미 어두워져 길고양이를 만나기 어려웠다. 망고와 콩쥐는 이미 퇴근했고 해맞이 무리도 다른 곳으로 가고 없었다. 쉼터 정자 아래에는 여러 고양이가 들러 사료를 먹고 갔다. 오랫동안 못 만난 고양이들을 그곳에서 만났다. 길고양이는 대부분 잘 지내고 있었다. 뒷산고양이들은 꽤 안정적인 수명을 유지하는 것으로 보였다.

늦은 가을에도 새로운 고양이들을 만났다. 덱 로드 주변에서 백설기가 젖소 고양이 한 마리와 10미터쯤 거리를 두고 서로 지켜보는 모습도 보았다. 젖소는 생김새나 털 무늬, 중성화 표시까지 홍련이라는 골목고양이와 닮았지만 코에 검은색 무늬가 있어 구별되었다. 고양이의 털 무늬가 비슷하면 개체를 구별하기 까다롭다. 고양이는 얼굴이 둥그스름하고 평면적인데다 체형이 비슷하다. 게다가 털 무늬 계열이 같으면 자세히 보아야 개체를 구별할 수 있다.

12월의 어느 날 밤, 산책로에서 삼색 고양이 한 마리가 아직 어린 새끼 두 마리를 데리고 있는 것을 보았다. 밤이는 중성화 수술을 했으므로 밤이는 아니었다. 뒷산고양이의 번식은 계속되고 있었다.

그해 겨울에 만난 길고양이 중 가장 인상적인 고양이들은 산책로 입구에서 만난 둘리 남매였다. 둘리 남매는 노랑이 두 마리, 삼색이 한 마리, 턱시도 한 마리로 이루어져 있다. 이름은 만화 『아기공룡 둘리』에 나오는 캐릭터에서 따왔다. 노랑이 중 좀 큰 녀석을 둘리, 작은 노랑이를 희동이, 턱

흰 털이 많은 둘리

전체적으로 노란색인 희동이

도우너(앞의 턱시도 고양이)와 또치(뒤의 삼색 고양이)

시도는 도우너, 삼색이는 또치라고 지었다.

11월에 막 독립한 둘리 남매를 만났다. 그들은 폭탄의 새끼로 보였다. 둘리 남매를 만난 곳이 전에 새끼를 거느린 폭탄을 만난 위치와 가깝고 또 가끔 폭탄이 둘리 남매가 있는 곳을 들르기 때문이었다. 둘리 남매가 그곳에 나타난 것은 산책로 입구 옆에 새로운 밥자리가 생긴 까닭이다. 퇴근길에 산책로 입구에 가보니 한 캣맘이 산책로 입구 근처 관목 수풀에서 고양이밥을 주다가 나를 보자 후다닥 나와서는 다른 곳으로 갔다. 둘리 남매에게는 자신들을 위한 밥자리가 마련되는 행운이 따랐다. 퇴근길에 들르면 녀석들을 꽤 잦은 빈도로 만날 수 있었다. 거의 이동을 하지 않고 그 주변에 머무는 걸로 보였다.

둘리와 희동이는 사람의 손길을 피하고 경계하는 편이었다. 산책로 입구 옆 관목 뒤에 캣맘이 놓아둔 사료를 먹다가 사람이 오면 후다닥 도망가서는 조금 떨어진 곳에서 동정을 살폈다. 둘리와 희동이가 사람을 지켜보는 곳 뒤에는 철망이 있어 여차하면 그곳으로 피할 수 있었다.

도우너와 또치는 함께 움직일 때가 많았다. 둘은 강아지처럼 쫓고 쫓기면서 레슬링 하는 장난을 치곤 했다. 그리고 사람에 대한 경계심도 가장 낮았다. 저녁 산책길에 젊은 캣맘을 만났다. 도우너와 또치가 캣맘에게서 1미터 정도 떨어져 앉았다. 먹을 것을 기다리는 것 같았다. 캣맘은 여섯 마리 정도가 산책로 입구에 산다고 했다. 그중 이 두 마리만 사람을 덜 경계하고 나머지는 많이 경계한다고 했다. 우연히 산책로에서 그들을 만나 가끔씩 간식을 챙겨준다고 했다.

50대 후반 정도로 보이는 캣맘도 만났는데 가끔 와서 사료를 준다고 했다. 자기 말고도 사료를 매일 주는 사람이 있는 것 같다고 하면서 새끼들 중 삼색이 한 마리를 데려다 키우고 있다고 했다. 캣맘이 데리고 간 새끼까지 하면 무려 일곱 마리가 산책로 입구에 있었던 것이다.

동물의 새끼는 예쁘다는 느낌과 가엾다는 감정을 같이 일으킨다. 어리고 굶주린 생명체를 돕고 싶다는 마음에 뒷산 여기저기에 고양이 밥자리가 생겼고 그 주변으로 새로운 고양이 무리가 자리를 잡아갔다. 안정적인 밥자리는 새끼들의 생존율을 높인다. 그렇지 않았더라면 대부분 아사했을 폭탄의 새끼들이 모두 성묘로 성장해가고 있었다. 밥자리가 늘수록 뒷산은 길고양이로 붐빌 것이다. 적정 개체 수를 유지하려면 산책로 입구의 고양이 사료를 보이는 대로 치워야 한다. 그러나 그럴 수 없었다. 나는 어린 고양이들의 눈을 보았고 차마 그리할 수 없었다.

길고양이의 시간은 계속된다

2021년 1월 초에는 기록적인 추위와 눈이 내렸다. 영하 20도 가까이 내려가는 추위와 엄청난 눈 때문에 퇴근길 산책을 포기했다. 추위가 약간 누그러진 날 산책로 입구로 향했다. 푸짐하게 사료가 놓인 상자가 두 개나 있었다. 이 추위와 눈에도 캣맘의 발길은 끊기지 않았던 것이다. 산책로 축대 위에서 둘리 남매가 호기심에 찬 눈으로 나를 쳐다보며 일광욕을 하고 있었다. 처음 보는 새끼 카오스도 함께 있었다. 그들은 어린 고양이들이지만 추위와 눈을 너끈히 이겨내고 일광욕을 즐기고 있었다. 어리지만 그들은 강인했다.

망고는 여전히 쉼터를 지켰다. 캣맘의 손길도 여전했다. 망고가 개근생이라면 콩쥐는 출석이 불량했다. 겨우내 콩쥐는 어디론가 사라졌다 다시 나타나기를 반복했다. 쉼터 외에 오랜 시간 머물고 싶은 다른 장소가 있는 것으로 보였다. 해맞이광장에 보리, 수수, 깜장도 보였다. 수크령은 언제부터인가 보이지 않았다. 뒷산고양이 중 보이지 않는 고양이가 실제로 어찌 지내는지는 알 수 없었다. 정말 다른 곳으로 갔을 수도 있지만, 그들 중 몇몇은 단지 내가 못 보았을 뿐 뒷산 어딘가에서 햇빛을 즐기고 있을지도 모른다.

병원 고양이는 간짜장이 사라진 데 이어 철봉이마저 어디론가 사라졌다. 철봉이가 있던 자리에는 철봉이의 행방을 묻는 글이 연락처와 함께 종이에 적혀 붙어 있었다. 캣맘은 철봉이를 '두부'라고 불렀다. 밥을 챙겨주던 고양이인데 좋은 사람 만나 잘 살고 있는지, 갑자기 없어져 걱정이 된다고 적혀 있었다. 철봉이가 무척 소중한 인연이었던 것 같다.

그런데 참 신기한 일이 생겼다. 임시보호하고 있는 고양이의 주인을 찾는다는 전단지를 동네에서 보았다. 전단지 안 사진의 고양이는 바로 철봉이였다. 사람 손을 잘 타서 집을 나온 지 얼마 안 돼 보인다는 설명이 연락처와 함께 있었다. 전단지를 찍어서 철봉이 캣맘에게 전화해보라고 메시지를 보냈다. 캣맘으로부터 고맙다는 답장이 왔다. 한 마리 고양이를 놓고 두 명의 캣맘이 적은 글을 다른 장소에서 보면서 묘한 느낌이 들었다.

이렇게 해서 철봉이는 원래 살던 곳으로 돌아왔다. 돌아온 철봉이는 '두부'라고 적힌 인식표가 달린 목걸이를 하고 있었다. 그리고 철봉이의 집이 있는 석조물 위에 안내문이 걸렸다. 안내문에는 철봉이가 2019년 5월경에 유기되었으며 이곳에서 지금까지 살고 있다고 적혀 있었다. 그리고 최근 낯선 곳으로 데려가서 버려진 일이 있었으며 동네고양이를 학대하는 일을 하지 말아달라는 부탁과 함께 불쌍하다고 주는 음식물은 고양이에게 치명적일 수 있다는 글귀가 적혀 있었다.

봄이 되자 쉼터에도 약간의 변화가 있었다. 캣맘이 정자 아래 밥자리 외에 망고와 콩쥐를 위해 반대편 벤치 아래에 따로 사료와 물을 두기 시작했다. 정자 아래에서 밥을 먹다가 다른 고양이와 충돌하는 일을 막기 위한 것으로 보였다. 그리고 전에 백설기와 같이 있던 젖소 고양이가 정자 아래에 자리를 잡았다. 보통 뒷산고양이가 정자에서 밥을 먹고 나면 다른 곳으로 가는 것과 달리, 젖소 고양이는 밥을 먹지 않을 때도 그곳에서 쉬었다.

쉼터 정자 아래에 새로 자리 잡은 젖소 고양이.
사람들이 있는 곳으로 나오지는 않았지만 정자 아래에서 오래 쉬다 가곤 했다.

망고나 콩쥐처럼 사람들 속으로 나오지는 않았지만 정자 아래가 나름 편안했는지 오랜 시간 그곳에서 쉬다 갔다. 젖소 고양이도 밤에는 다른 고양이들을 꺼렸는지 망고나 콩쥐처럼 정자 근처를 떠나 보이지 않았다.

봄기운이 점점 짙어지면서 뒷산 여기저기서 길고양이의 발정음이 들렸다. 시간이 흐르면 새끼들이 여기저기서 나타날 것이다. 그중 성공적으로 생존 조건을 확보한 고양이가 뒷산의 주인이 된다. 그리고 어떤 고양이는 나름의 사연으로 뒷산에서 사라진다. 이렇게 뒷산 길고양이들의 시간은 계속될 것이다.

3부

골목고양이

골목고양이 만나기

고양이 관찰은 동네 관찰

뒷산고양이를 통해 길고양이에 대한 관심이 커지면서 동네에 사는 길고양이들도 만나고 싶어졌다. 길고양이를 관찰하는 일은 동네를 만나는 일이기도 했다. 길고양이를 소재로 한 작가들의 책을 보면 여러 지역과 나라를 다니며 그곳의 길고양이와 마을을 함께 묘사한 부분이 있다. 길고양이는 인간의 마을에 깃들여 사는 동물이기 때문이다.

사는 동네를 뭉뚱그려 생각해왔을 뿐 별로 세세하게 본 적이 없었다. 길고양이를 찾기 위해 두리번거리며 길을 걷다 보니 동네 어디쯤 어떤 가게가 있고 골목이 어떻게 이어지는지 새삼 알게 되었다. 골목을 돌 때마다 고양이가 한 마리씩 나타났다. 동네에 있는 아파트 단지와 주택가 사이에 놀이터가 하나 있는데 그 주변을 중심으로 아주 많은 고양이를 만났다. 이렇게 많은 고양이가 동네에 살고 있다는 걸 전에는 몰랐다.

동네 골목을 다니다 보니 빈집이 꽤 있다는 것도 알게 되었다. 오래전부터 재개발 사업이 추진되었으나 재개발을 하려는 측과 반대하는 측의 의견이 팽팽하게 맞서 그 과정에서 집을 비우고 먼저 떠난 사람들이 있었다. 빈집은 출입을 통제하는 가림판으로 둘러져 있어서 안이 보이진 않았다. 이런 빈집에 길고양이가 은신처를 마련하고 있을 가능성이 커 보였다.

놀이터에는 30여 마리의 비둘기가 와서 먹이 활동을 했다. 사람들이 버리고 간 음식 부스러기를 먹기도 했지만 뚜렷이 먹을 것이 보이지 않는데도 끊임없이 부리로 땅을 쪼았다. 놀이터 주변에는 이런저런 식물들이 있었고 특히 야광나무가 많았다. 늦가을이면 야광나무 열매도 비둘기의 좋은 먹이가 되었다.

그러던 어느 날 비둘기를 향해 포복으로 기어가는 어린 노랑이 한 마리를 만났다. 어딘지 장난기 있어 보여서 어린 시절 보았던 청춘영화의 주인공 이름을 따서 '얄개'라고 불렀다. 얄개의 사냥 행동은 그저 장난이었다.

비둘기를 향해 낮은 포복으로 접근하는 얄개

낮은 포복을 하는 것이 재미있었는지 그런 자세로 비둘기 근처까지 다가갔지만 그 이후 어떻게 행동해야 할지 모르는 것 같았다. 얄개는 비둘기 앞에서 그저 멈추어 서서 꼬리를 좌우로 흔들 뿐이었다. 비둘기들도 얄개가 별로 무섭지 않은지 뻔히 오는 것을 알면서도 멀뚱멀뚱 쳐다보았다.

환풍구 고양이

얄개를 시작으로 골목고양이들을 줄줄이 만났다. 뒷산고양이의 쉼터나 해맞이광장처럼 골목고양이들에게도 명당이 있었다. 가장 먼저 발견한 명당은 아파트 단시 잔디밭에 있는 환풍구 뒤였다. 항상 햇볕이 잘 들고 환풍구 가까이 심은 관목들 덕분에 사람들의 시선이 차단되는 장소였다. 고양이들은 겨울에 그곳에 모여 일광욕을 즐겼다.

환풍구에서 만난 고양이들은 젖소, 턱시도, 노랑이, 고등어 등 다양한 계열이었다. 장화와 홍련은 젖소 계열 고양이다. 암수를 확인할 수 없었지만 일단 암컷이라 생각되어 전래동화의 주인공 이름을 가져왔다. 둘은 함께 잘 다녔는데 보통 수컷보다는 암컷이 무리를 잘 이루고 외형도 좀 갸름한 편이어서 암컷이라 추정했다. 외형으로 보아 장화와 홍련은 모녀나 자매처럼 유전적 관계가 있는 듯했다. 둘에게는 중성화 수술 표시가 있었다. 덩치는 장화가 홍련보다 컸다. 그리고 둘은 비슷한 모습에 꼬리가 기형적으로 짧고 뭉툭했다.

고양이에게는 유전자 돌연변이에 따른 꼬리 기형이 많다. 토끼 꼬리처럼 짧거나, 끝이 약간 굽거나, 구부러진 철사처럼 구불구불하거나 그 형태가 다양하다. 모두 꼬리뼈들이 엉겨 붙어 생긴 현상이다. 이와 같은 꼬리 기형은 동아시아 고양이에게서 많이 보이며 서양종 고양이에게는 드물다. 일본에서는 약 40퍼센트의 고양이가 꼬리 기형이다.[01]

턱시도 고양이는 '펠릭스'라 이름 지었다. 펠릭스는 미국 애니메이션에서 원조 격인 고양이 캐릭터 이름인데 턱시도 계열의 모습이다. 그래서 환풍구 뒤에서 만난 녀석의 이름을 펠릭스로 지었다. 장화와 홍련, 펠릭스는 눈이 닮았다. 셋 모두 작고 눈이 잘 떠지지 않는 느낌이 있어 펠릭스도 유전적 관계가 있을 것으로 보였다.

노랑이 계열로는 '못난이'와 '피카추'가 있었다. 둘은 외모만 봐서는 거

꼬리 짧은 고양이. 우리나라 길고양이 중에서 꽤 자주 볼 수 있다.

의 구별이 안 되는 노랑이 계열 고양이다. 온몸에 노란색 줄무늬가 있고 좀 못난 얼굴이었다. 둘을 구별하는 것은 꼬리였다. 못난이의 꼬리가 평범하면서도 긴 데 반해 피카추는 포켓몬스터의 피카추처럼 꼬리가 꺾여 있었다. 앞에서 말한 꼬리 기형으로 보였다. 못난이는 환풍구 고양이 중 홍련과 어울려 다니길 좋아했다.

'원조'는 짙은 회색 바탕에 검은색 줄무늬가 있는 고등어 계열 고양이다. 그 모습이 고양이의 원종인 야생고양이를 닮아서 원조라는 이름을 붙였다. 원조는 환풍구 무리와 어울리지는 않고 약간 떨어진 곳에서 일광욕을 했다.

겨우내 환풍구 뒤로 가기만 하면 길고양이들을 볼 수 있었다. 길고양이들은 나를 보면 예의 주시하며 나의 동태를 살폈지만 바로 도망가지는 않았다. 내가 가까이 접근하면 일정 거리를 달아나서는 멈추어 섰다. 골목고양이는 계속 쫓아가지만 않으면 멀리 도망가지 않았다. 어떨 때는 내가 지켜보는데도 꾸벅꾸벅 잠을 청하기도 했다. 그러다 내가 조금이라도 움직이면 눈을 뜨고 동태를 살폈다. 고양이는 뛰어난 청각으로 졸고 있는 중에도 주변 상황을 살필 수 있는 것으로 보였다.

길고양이는 따돌릴 자신감이 있어서인지 도주 거리도 짧았다. 고양이는 100미터를 7초대에 달릴 수 있어서 사람 정도는 쉽게 따돌릴 수 있다. 다만 이렇게 달리는 것은 몇 초 동안만 가능해서 사냥할 때는 달려서 먹잇감을 따라잡기보다는 매복했다가 덮치는 방법을 쓴다. 고양이는 도약력도 뛰어나 약 1.5미터를 뛰어오를 수 있다. 높은 곳에서 떨어져도 빙그르르 회전해서 무사히 착지하는 균형 감각도 뛰어나다. 사람이 접근하면 높은 곳

펠릭스

장화

홍련

환풍구 주변에서 못난이(왼쪽)와
같이 있는 피카추(오른쪽)

으로 뛰어오르거나 낮은 곳으로 뛰어내린다. 길고양이에게 사람은 우스운 추적자다.

감나무집 고양이

주택가에 가을이면 감이 주렁주렁 달리는 감나무가 있는 집이 있다. 마당이 꽤 넓은 이층집인데 집 앞에는 시트를 씌운 자동차가 주차되어 있곤 했다. 고양이들은 자동차 위와 담장에 옹기종기 모여서 일광욕을 했다. 감나무집 고양이는 노랑이 두 마리, 젖소 한 마리, 삼색이 한 마리였다. 노랑이 중에 작은 녀석의 이름은 신데렐라다. 얼굴이 날렵한 데다 꼬질꼬질 때가 묻어 있고 털이 부스스해 영양 상태가 좋지 않아 보였다. 신데렐라와 같이 있는 모습이 자주 목격되었던 다른 노랑이는 덩치가 꽤 컸다. 체구가 두툼해 '슈렉'이라 불렀다. 젖소 계열의 '채플린'은 코 주변에 찰리 채플린의 콧수염을 떠올리게 하는 검정 무늬가 있었다. '자수'는 삼색 무늬가 배열된 털색이라 그리 이름 지었다. 감나무집 앞에서 일광욕하는 고양이 수는 그때그때 달랐다. 그중 신데렐라와 슈렉이 자주 보이는 편이었다. 골목고양이들은 자동차나 담장 위 말고도 담장 앞 도로에 내려와 쉬기도 했다.

겨울철 일광욕은 고양이들이 정말 좋아하는 행동이다. 고양이들은 따뜻한 곳을 좋아한다. 얌전한 고양이가 부뚜막에 왜 올라갔을까? 따뜻하기 때문이다. 고양이의 체온은 섭씨 38.1~39.2도다. 사람의 평균 체온인 섭씨 36.5도에 비하면 훨씬 높다. 추운 겨울에 체온을 유지하려면 따뜻한 곳을

집 앞 자동차 위와 담장에서 일광욕하는 감나무집 무리. 왼쪽부터 슈렉, 신데렐라, 자수, 채플린이다.

찾아야 한다. 그래서 길고양이는 일광욕을 좋아한다. 같은 이유로 운행 후 열기가 남아 있는 자동차 보닛에 들어가거나 바퀴와 차체 사이 공간에서 잠을 청하기도 한다. 겨울에는 자동차 시동을 걸기 전에 보닛을 두드려 잠들어 있는 길고양이를 깨워 달아날 수 있게 하라는 권고도 있다.

연립주택과 놀이터 고양이

감나무집과 좀 떨어진 연립주택이 몇 채 있다. 연립주택의 주차장에서 길고양이 세 마리를 만났다. 놀이터에서 비둘기를 쫓던 얄개는 그곳의 고양이 무리에 속해 있었다. 얄개처럼 어린 고양이가 한 마리 더 있었다. 예쁜 얼굴에 삼색 털도 보기 좋아 '색동이'라 이름 지었다. 그리고 '타이거'는 환풍구에서 만난 원조처럼 짙은 회색의 고등어 계열인데 줄무늬 색이 더 검고 또렷해서 호랑이를 떠올리게 했다. 그들 중 얄개와 색동이는 암컷이었는데 둘은 사이가 너무 좋아서 서로의 얼굴을 그루밍 했다. 성체 고양이끼리는 망고와 콩쥐처럼 모녀 관계여도 접근을 싫어하는데 얄개와 색동이는 어떻게 저리 살가울까 궁금했다.

연립주택가에서 조금 걸어 나오면 놀이터가 있는데 그 주변으로도 고양이들이 있었다. '콧물'은 놀이터와 교회 건물 사이에 사는 골목고양이다. 코 아래 콧물 같은 무늬가 있어 그리 이름 지었다. 콧물은 자수나 색동이처럼 털색이 삼색 무늬이며 콧물의 귀에는 중성화 표시가 있었다. '초코바닐라'는 연립주택과 그 아래 주택가를 오가며 사는 고양이다. 하얀색 바탕에 옅은 초콜릿색 털이 있는데 녹기 시작한 초코바닐라 아이스크림이 떠올랐다.

물론 놀이터 주변의 대표 고양이는 골목고양이의 세계를 알려준 이쁜이다. 하지만 이쁜이는 늙어서인지 고양이 세계에서 지위가 낮았다. 다른 고양이가 와서 사료를 먹어도 가만히 있었다. 자기 집 앞에서도 다른 고양이에게 쫓겨나기도 했다. 심지어 비둘기가 와서 사료를 먹어도 멀거니 있었다. 그러나 어떤 고양이도 사료가 풍부한 이쁜이집을 차지하지 못했다. 사람을 꺼리는 골목고양이들은 이쁜이집에 머물 수 없었고 사료만 먹고 갔다. 망고와 똑같은 생존 전략을 이쁜이도 구사하고 있었다. 그런데 이쁜이는 이상하게도 간혹 이삼 주 동안 어디론가 사라졌다 다시 나타나곤 했다. 비 오는 날에 가도 없는 것을 보면 자기 집 말고도 비를 피해 쉴 곳을 마련한 게 분명했다.

색동이(왼쪽)와 타이거(오른쪽)

콧물

초코바닐라

사료를 먹으려고 비둘기들이 다가와도 가만히 있는 이쁜이

아파트 고양이

아파트 단지 안에도 길고양이가 살았다. 길고양이를 발견한 곳은 아파트 조경 공간 깊숙이 놓인 두 개의 고양이집이었다. 겉면에는 길고양이 보호와 TNR을 안내하는 홍보 문구가 인쇄되어 있었다. 아마도 캣맘이 길고양이 보호단체에서 구매한 것으로 보였다. 고양이집 옆에는 사료와 물이 놓여 있었다.

그곳에서 두 마리의 고양이를 만났다. 한 마리는 아직 어려 보이는 작은 고양이였다. 노랑 무늬가 있어 '개나리'라 이름 지었다. 또 다른 고양이는 흰색 바탕에 검정 무늬가 조금 있는 젖소 계열로 개나리와 달리 덩치가 큰 성체였다. 개나리와 대비해 '흰나리'라 이름 지었다. 흰나리에게는 중성화 표시가 있었다. 개나리와 흰나리 모두 사람을 경계하는 고양이였다. 먹이를 던져주어도 반응을 보이지 않았지만 보이는 곳에 간식을 내려놓고 멀리 물러나면 다가와서 먹었다.

이렇게 2019년 가을에서 2020년 봄 사이에 만난 골목고양이를 모두 소개했다. 느낀 점은 고양이가 정말 많다는 것이다. 놀이터를 중심으로 한 작은 구역에서 무려 열일곱 마리의 고양이를 만났다. 단독생활을 하는 고양이의 특성에 따라 면적을 나눈다면 턱없이 좁은 영역이었다. 그래서인지 골목고양이 중에는 혼자 살지 않고 무리 지어 사는 개체가 많았다.

확실히 뒷산고양이에 비해 골목고양이는 환풍구, 감나무집, 연립주택 주차장 등에 자주 모여 있었다. 물론 콧물이나 개나리처럼 무리와 어울리지 않고 따로 움직이는 고양이도 있었다. 그리고 같은 무리라 해도 항상 함께 움직이는 것은 아니었다. 이동할 때는 대부분 혼자 움직였고 많아야 두셋이 함께 움직였다.

개나리

흰나리

서로 다른 무리에 속하는 길고양이들이 만나면 충돌할 때가 있었다. 피카추가 주차장에 있는 타이거, 얄개, 색동이에게 다가간 적이 있었다. 그런데 주차장 무리는 피카추를 환영하지 않고 경계했다. '우~으~' 하는 경계음을 내면서 피카추의 접근을 저지했다. 골목고양이는 다른 고양이들과 두루 어울리지는 않고 특정 무리에 속한 구성원들끼리 어울렸다. 그런데 뒤에 관찰한 바로는 무리의 구성원이 바뀌기도 하고 무리가 다른 고양이끼리 어울리는 경우도 있긴 했다.

골목고양이가 사는 모습

고양이 이웃

한 번도 보지 못했던 낯선 고양이를 만나는 것은 색다른 즐거움이다. 동네 골목에서 모르는 고양이를 만나면 보물찾기 놀이를 하다 숨겨놓은 물건을 발견한 느낌이 든다. 아는 고양이가 점점 늘면서 동네를 걸을 때면 주위를 두리번거리게 되었다. 아는 고양이가 많다는 건 꽤 괜찮은 느낌이었다. 이웃을 사람으로 한정할 게 아니다. 동물에게도 마음이 간다면 이웃이라 생각할 수 있다. 나는 많은 고양이 이웃을 갖게 되었다.

다만 고양이 이웃에 대한 마음은 짝사랑에 가까웠다. 나는 좋아서 다가가지만 골목고양이들은 피하거나 냉담했다. 오직 이쁜이만 피하지 않았다. 그렇다고 이쁜이가 살가웠던 것은 아니다. 출근길에 이쁜이를 만나는 경우가 종종 있었는데 "이쁜아" 하고 부르면 가만히 있다가 몸을 돌려 사료를 먹거나 자기 집 주변에 있는 깔개에 발톱을 갈았다. 나와의 만남을 피하기 위해 딴청을 부리는 것이다. 내가 별로 편하지 않은 모양이다. 고양이의 이런 행동은 귀찮게 하지 말라는 메시지를 담고 있다. 이럴 때 계속 건드리면 공격적인 행동을 할 수 있다.

간식을 주는 횟수가 늘면서 이쁜이는 아는 체하며 다가왔다. 다가올 때는 꼭 내 다리에 몸을 스치며 한 바퀴를 돌았다. 마음에 드는 대상에 자신의 냄새를 묻히는 행동인데, 반갑다는 표현이기도 하다. 사람의 손길을 피하지 않는 고양이 중에는 이런 행동을 하는 고양이들이 있었다. 그러나 보리와 수수는 그렇지 않았다. 내가 그렇게까지 마음에 들지는 않았던 모양이다.

간식을 먹고 나면 이쁜이는 언제 그랬냐는 듯 쌩하고 가버렸다. 어떤 골목고양이도 내가 보이는 호의만큼 다정한 모습을 보이진 않았다. 어떨

다리를 스쳐 돌며 호감을 표시하는 이쁜이

때는 굳이 이렇게 불리한 입장에서 좋아해야 하나 생각도 들었다. 인간과 고양이 사이는 대체로 고양이보다는 인간이 더 좋아하는 관계다. 오죽하면 고양이를 돌보는 사람을 집사라고 표현했겠는가.

길고양이 이웃을 보면 기분이 좋았다. 이런 기분으로 같은 동네에서 인간과 길고양이가 호의적으로 살면 되지 않을까 싶었다. 그러나 길고양이를 싫어하는 사람들이 동네에 꽤 있었다. 어느 연립주택 앞에는 한 주민이 짜증나서 쓴 것으로 보이는 안내문이 있었다. 안내문에는 고양이가 모여드니 데려다 키울 것 아니면 먹이를 주지 말라고 적혀 있었다. 아파트에서는 관리사무소에 민원을 제기하는 형식으로 불만이 표출되었다. 골목고양이의 명당인 환풍구에는 동물을 사랑하는 마음은 이해하나 냄새와 벌레가 생기니 음식물을 두지 말라는 안내판이 세워져 있었다. 콧물의 밥자리가 있던 슈퍼 앞에는 고양이 먹이를 계속 주면 피해보상 청구를 하겠다는 경고문이 보였다. 경고문 때문인지 밥자리가 사라졌다. 그 이후로 콧물은 보이

콧물의 밥자리 주변에 부착된 경고문

지 않았다. 이처럼 길고양이에게 먹이를 주는 것에 부정적인 사람이 어느 동네에나 있다. 어디에나 길고양이에게 먹이를 주고 싶은 사람이 있는 것과 같다.

길고양이 밥자리

동네에서 캣맘을 직접 만날 수는 없었다. 대신 고양이 사료가 놓인 곳을 몇 군데 발견했다. 동네에서 내가 발견한 길고양이 밥자리는 아파트 경비실 뒤, 아파트 앞 이면도로에 있는 개인주택 앞, 이쁜이집, 연립주택 주변 두 곳, 교회 근처 슈퍼 앞, 아파트 잔디밭, 도서관 옆 등 여덟 곳이었다. 그중 도서관 옆은 구청에서 고양이 급식소로 지정한 곳이었다.

경비실 뒤는 건물과 주변 관목으로 가려져 고양이들이 안심하고 사료를 먹을 수 있는 곳이었다. 나무로 사각 모양의 급식대가 있고 그 안에 비나 눈에 사료가 젖지 않도록 놓여 있었다. 페트병을 반으로 잘라 만든 용기에 물이 담겨 함께 놓여 있었다.

이면도로 개인주택 옆에는 사료와 물만이 아니라 고양이집도 하나 있었다. 거주하시는 할머니가 마련해두었다고 하는데 길고양이가 들어가 있는 것을 본 적은 없다. 고양이 입장에서는 사람들에게 노출된 도로변의 고양이집은 쉬기에 불편했을 것이다. 이쁜이집은 이쁜이를 무시할 수 있는 고양이라면 언제든 먹이를 먹을 수 있는 곳이었다. 원조, 신데렐라, 못난이 등 여러 고양이가 그곳에 들러 사료를 먹었다.

밥자리에서 함께 사료를 먹는 못난이와 홍련

연립주택 뒤는 좁고 철망으로 보호되고 있어서 고양이가 마음 편히 먹을 수 있는 곳이었다. 얄개와 초코바닐라를 그곳에서 보았다. 한 연립주택 앞에는 길고양이 사료가 든 그릇이 받침대와 함께 놓여 있었다. 감나무집 무리나 연립주택 고양이들 모두 이용할 수 있는 장소였다. 교회 근처 슈퍼 앞에도 아파트 경비실 밥자리처럼 사료가 비에 젖지 않게 막아주는 급식대가 있었다. 콧물은 그곳에서 먹이를 먹었다. 검은색 고양이집 옆에 사료와 물그릇을 놓아둔 아파트 잔디밭에 있는 밥자리는 아주 깊숙이 있었다. 한동안 개나리와 흰나리가 그곳을 이용했다.

아마 이 장소들 말고도 캣맘이 사료를 주는 곳이 더 있을 것이다. 어느 동네에 가든 구석진 곳에 놓여 있는 고양이 사료를 볼 수 있다. 동네에 초등학교와 중학교가 많이 있는데 사실 그런 곳에 고양이가 있으리라곤 생각하지 않았다. 호기심 많은 그 나이 또래를 만난다는 건 고양이에게 매우 피곤한 일이다. 그런데 한 중학교에서 고등어 줄무늬 고양이 한 마리를 보았다. 고양이가 사라진 담장 밑을 보니 비닐에 싸인 사료가 보였다. 중학교 근처의 담장 없는 한 가정집 마당에도 사료가 놓여 있었다.

캣맘들이 내놓은 먹이는 고양이 사료가 대부분이었다. 밥자리에 일반 음식물을 내놓으면 부패와 냄새 때문에 주민들의 반발이 생기는 점을 고려한 것으로 보였다. 뒷산고양이의 캣맘들은 망고를 본 뒤 자발적으로 모였고 그들은 서로 소통했다. 산책객들의 시선도 비교적 호의적이어서 캣맘들은 쉼터에서 뒷산고양이들에 대해 터놓고 이야기를 나누었다. 반면 골목고양이의 캣맘은 전혀 눈에 띄지 않아서 누구인지 알 수 없었다. 길고양이에게 밥을 주는 것을 싫어하는 사람들과의 충돌을 피하려고 되도록 늦은 밤 같은 눈에 띄지 않는 시간에 먹이를 주는 것으로 보였다.

담장 위를 걷는 고양이

고양이는 야생에서 먹이사슬의 중간 단계에 있는 동물이다. 그래서 항상 천적에 대비해야 한다. 천적을 알아차리기 쉽고 그들의 앞발이 닿지 않는 높은 곳이나 천적의 시선을 피하고 그들의 침입이 어려운 좁은 곳에서 안정감을 느낀다. 그래서 고양이는 무언가의 위에 있거나 아래에 있으려 한다. 뒷산고양이들 중에서 철봉이와 보리가 나무에 올라가 쉬는 것을 보았는데, 골목고양이들이 담장 위에 있는 것을 자주 볼 수 있었다. 먼 곳을 조망할 수 있고 사람의 손길이 닿지 않는 높은 곳에서 고양이는 편안함을 느낀다.

골목고양이들은 사람이라면 위태위태하게 걸을 담장을 평지 걷듯이 편안하게 이동한다. 고양이는 균형 감각이 뛰어나다. 귓속 반고리관 안에 섬모가 잘 발달해 움직일 때 섬모가 반고리관 안의 액체 유동을 잘 감지하기 때문이다. 덕분에 좁은 담장 위에서 잘 걸을 수 있다. 그리고 담장에서 떨어져도 안전하게 착지한다.

담장은 길고양이에게 이동 경로뿐만 아니라 쉬는 장소로도 인기가 있었다. 무더위가 오기 시작한 6월 밤에 동네를 돌고 있는데 감나무집 담장에서 채플린과 신데렐라가 잠을 자고 있었다. 무더운 날 담장 위는 선선한 밤바람을 쐬며 잠자기 좋은 곳일 것이다. 고도의 균형 감각이 있기에 그렇게 비좁은 곳에서

높은 나무 위에 올라간 철봉이.
고양이는 높은 곳에 올라가 있기를 좋아한다.

담장 위를 걷는 못난이. 담장은 길고양이가 애용하는 이동 경로이다.

자는 것이 가능했다. 담장은 겨울에 몸을 데우기 위한 일광욕 장소로도 쓰였다.

고양이는 높은 곳만이 아니라 무언가의 밑에 있기도 좋아한다. 집고양이는 거실 바닥에 그냥 있기보다 소파 위에 올라가거나 그 아래 들어가 있길 좋아한다. 옷장 같은 가구 아래나 위에 숨는 것도 좋아한다.[02] 놀이터 둘레의 이면도로에는 항상 차가 많이 주차되어 있었다. 골목고양이는 이 자동차들 아래를 이동 통로로 즐겨 이용했고, 주차된 차량 밑에 들어가 있길 좋아했다. 이동할 때도 이 차와 저 차 아래로 움직였다. 차 아래로 들어가면 사람들이 어느 방향으로 다시 나올지 예측하기 어려울 뿐만 아니라 사람의 손이 잘 안 닿고 어느 방향으로든 도망갈 수 있었다.

한번은 건물과 건물 사이에 있는 초코바닐라에게 간식으로 관심을 끌

길고양이들은 차 아래에 있기를 좋아했다.

어보려 했는데 갑자기 달려왔다. 간식에 강하게 관심을 보이는 행동으로 착각했는데, 내 앞에서 방향을 틀어 자동차 아래로 숨었다. 초코바닐라와의 사이에 철망이 있어서 내가 접근할 수 없었는데도 오히려 내가 있는 쪽으로 달려와 철망을 벗어나서 자동차 아래로 들어갔다. 이해할 수 없는 행동이지만 그만큼 자동차 아래가 안전하다고 생각했던 것 같다.

주택과 주택 사이에는 빈 공간이 많다. 이런 공간은 고양이의 이동 통로이자 은신처였다. 건물로 가려진 빈 공간은 밖에서 볼 수 없는 복잡한 미로다. 미로 속으로 들어가면 사람은 길고양이를 찾을 수 없다. 이런 미로와 담장을 활용해 골목고양이는 사람을 피해 안전하고 편안하게 주택 사이를 오갔다. 동네에는 조경 공간들이 있는데 길고양이들은 영산홍과 같은 관목 안에도 숨어서 쉬었다.

길고양이는 좁더라도 사람의 손길을 피할 수 있는 곳을 좋아한다. 아주 좁은 곳도 길고양이에게는 방해물이 되지 않는다. 고양이는 척추뼈가 53개로 26개인 인간보다 거의 두 배로 많고, 뼈와 뼈 사이의 연골이 스폰지 역할을 하여 유연성이 무척 뛰어나다. 작은 구멍을 자유롭게 통과할 수 있고 특유의 아치형으로 몸을 구부릴 수 있다. 때문에 좁은 공간과 건물 틈 사이를 자유자재로 다닐 수 있다. 또 근육이 부드럽고 피부가 잘 늘어나는 성질이라 물체에 부딪혀도 잘 다치지 않는다. 물론 싸울 때 몸을 보호하는 효과도 있다.

골목고양이는 겨울철에는 볕이 잘 드는 곳에서 일광욕을 했다. 환풍구 뒤 잔디밭과 감나무집 담장은 특히 햇볕이 잘 들어서 골목고양이들이 애용했다. 못난이는 환풍구 뒤에서 자주 일광욕을 했는데 얼마나 그곳을 애용하는지 못난이가 햇볕을 쬐는 곳의 마른 풀 더미가 새둥우리처럼 움푹 들어가 있었다. 길고양이는 겨울에는 이처럼 햇볕이 잘 드는 곳에서 일광욕을 하고 여름철에는 건물 사이나 주차장과 같이 서늘하게 그늘진 곳에서 무더위를 피했다. 기후에 따라 적정한 장소를 찾아서 최대한 휴식을 취하는 것이 고양이의 일과였다.

고양이는 일과의 대부분을 휴식을 취하거나 잠을 자며 보낸다. 불필요하게 에너지를 소비하지 않는 것이 동물의 생활 방식이다. 특히 고양이과

요가 자세로 그루밍을 하는 신데렐라와 담장 위의 채플린

동물은 순발력에 의지해 사냥하므로 긴 시간을 잠을 자고 에너지를 축적한 뒤 사냥 때 집중적으로 사용한다. 그러나 수면의 질은 낮다. 원종인 야생고양이는 긴 시간 동안 자면서도 천적으로부터 자신을 방비하기 위해 깊이 잠들지 않는다. 그 습성을 고양이도 물려받았다.

골목고양이들은 쉴 때면 그루밍을 했다. 고양이는 많은 시간을 혀로 몸을 핥는 데 쓴다. 고양이의 혀에는 까끌까끌한 돌기가 많은데 침이 묻은 이 돌기들이 빗처럼 털을 단장해준다. 발에 침을 묻혀 흔히 말하는 고양이 세수도 한다. 몸이 유연한 고양이는 사람이 하기 힘든 요가 자세로 몸 구석구석을 그루밍 한다. 그루밍 덕분에 고양이들의 몸은 청결하고 냄새가 안 난다. 먹잇감에 은밀히 접근하려면 냄새가 나지 않아야 하므로 야생고양이는 그루밍에 신경을 많이 쓴다. 이런 행동이 길고양이에게도 그대로 이어졌다. 그루밍은 긴장을 완화하는 효과도 있다. 그래서 그루밍은 자신의 기분을 편안히 하려는 행동이지만 어미와 새끼처럼 친근한 고양이끼리는 상대방에게 그루밍 해준다.

골목고양이들도 그루밍 덕분인지 대부분 털색이 깨끗했지만 신데렐라처럼 그렇지 못한 개체도 있었다. 또 굳이 비교하면 뒷산고양이들보다는 다소 때가 많은 느낌이었다. 아무래도 먼지와 쓰레기에 노출되는 경우가 많아서일 것이다.

길고양이가 그루밍 하는 과정에서 소화관으로 털이 많이 들어간다. 이렇게 소화관에 털이 들어가면 '헤어볼'이란 털 뭉치가 생긴다. 헤어볼은 대부분 자연스럽게 배출되지만 헤어볼이 너무 커지면 소화관이 폐쇄될 수 있다. 집고양이는 헤어볼 방지 사료나 고양이풀(catgrass)을 먹어 이런 현상

풀을 뜯어 먹고 있는 철봉이

을 막을 수 있지만, 그럴 수 없는 길고양이는 스스로 섬유질이 풍부한 풀을 뜯어 먹어 헤어볼을 배출한다.[03] 골목고양이는 아파트와 놀이터 조경 공간에 있는 풀을 먹을 수 있다. 또 봄부터 가을까지는 주민들이 화분이나 스티로폼 박스에 키우는 꽃과 채소를 먹어도 헤어볼 배출에 도움이 될 수 있다.

영역 활동과 무리 행동

어느 날 출근길에 콧물을 만났다. 한 연립주택 앞에 있는 밥자리를 들렀다가 밥그릇이 비어 있자 실망한 모습이었다. 콧물은 놀이터 옆 교회 근처에서만 사는 줄 알았는데, 연립주택가에도 내려왔다. 초코바닐라는 연립주택과 그 아래 골목 쪽에서 주로 사는데, 이면도로 개인주택이 있는 곳에 왔다가 장화를 만나자 도망갔다.

골목고양이의 영역은 고양이 수를 고려하면 매우 촘촘하고 중복된다. 굶주린 골목고양이들은 밥자리를 따라 이동하기 때문에 행동반경이 겹칠 수밖에 없었다. 그래서 다른 고양이의 영역에 들어가기도 하지만 원래 주인인 고양이를 만나면 초코바닐라가 장화를 피하듯 우선 피했다. 그러나 오래 접촉하면 서로에 대한 거부감이 줄고 주변에 머무는 것을 용납하는 모습도 보였다. 사람들이 서서히 친해지듯 고양이들도 시간을 두고 접하면서 익숙해지면 서로를 받아들이는 것 같았다.

서서히 다른 고양이를 용납하는 행동은 수컷 고양이가 독립해 새로운 영역을 개척할 때 전형적으로 나타난다. 수컷이 성장하면 처음에는 어미가 있는 곳에서 멀지 않은 곳에 자리 잡는다. 그러다가 점점 영역을 넓혀 다른 무리의 영역으로 간다. 처음에는 다른 고양이에게 공격당하기도 하지만 여러 번 그런 경우를 겪다 보면 서서히 그 고양이 무리와 갈등 없이 만나게 된다. 처음에는 그 무리가 먹이를 먹는 것을 멀찍이 보다가 다 먹고 사라지면 그 나머지를 먹는다. 그리고 시간이 지나 그곳에서 존재감이 커지면 그곳을 영역으로 삼는다.[04]

길고양이는 원래 혼자 살지만 골목고양이처럼 좁은 공간에 많은 개체가 살면 무리를 이루기도 했다. 골목고양이는 무리에 대한 약간의 소속감도 있어 같은 무리끼리 주로 어울렸다. 그러나 무리가 완전히 폐쇄적이지는 않았다. 시간이 가면서 환풍구 무리, 감나무집 무리, 연립주택 무리가 어울리는 모습을 종종 볼 수 있었다. 그해 긴 여름 장마가 지난 후 무리가 다

연립주택 입구 통로에 모여서 쉬는 길고양이. 색동이와 얄개가 서로의 얼굴을 그루밍 해주고 있다.

른 고양이들끼리 어울리는 모습을 더 자주 보았다. 못난이와 신데렐라, 신데렐라와 색동이, 초코바닐라와 알개, 원조와 타이거 등 그전과는 다른 고양이 조합이 보였다.

모여서 특별한 행동 없이 쉬는 것이 길고양이에게 중요한 친교 행위로 보였다. 겨울에 환풍구나 감나무집 담장에서 쉬는 것처럼 여름이 되자 연립주택 주변의 그늘진 곳에 모여 쉬었다. 특히 연립주택 입구로 가는 긴 통로에 자주 모였다. 길고양이들은 아침 시간에 모이길 좋아해서 출근길에 그들을 볼 수 있었다. 원조, 타이거, 색동이, 초코바닐라, 얄개, 신데렐라 등이 돌아가며 조합을 이루어 쉬었다. 같은 지역의 고양이들이 이렇게 모여 쉬면서 서로 얼굴을 트고 느슨한 친교를 하는 것 같았다. 나중에는 타이거·색동이·얄개가 연대해서 대적했던 피카추도 연립주택 입구 통로 모임에 참가했다. 아직 친교가 성립되지 않은 길고양이들은 서로 만나면 한쪽이 피하거나 서로 일정 거리를 떨어져 대치했다. 위협음을 내면서 강하게

아직 친교가 없는 초코바닐라와 새소년이 거리를 두고 떨어져 서로를 살피고 있다.
친교가 없는 길고양이들은 울음 싸움을 하지 않았고 그저 거리를 두는 경우가 많았다.

대치할 때도 있지만 그저 서로를 살피는 때도 있었다.

인적이 드문 공원이나 사찰, 바닷가처럼 개방된 공간에서는 '고양이 집회' 현상이 목격된다고 한다. 길고양이들이 모여서 특별히 무언가를 하지 않고 조용히 시간을 보낸다는 것이다. 일본 아이노시마에서 관찰된 사례에 따르면, 콘크리트로 덮인 해안의 넓은 장소에 고양이 10~20마리가 50센티미터에서 1미터 간격으로 앉아 몇 시간이고 아무것도 하지 않고 모여 있었다 한다. 긴장하거나 유유자적하지 않는 모습으로 마치 종교 집회를 하는 분위기가 감돌았다 한다. 어쩌면 골목고양이들은 연립주택 입구 통로에서 소규모 아침 집회를 벌인 것인지도 모르겠다.

모여서 쉬는 장소는 계절의 영향을 받았다. 여름에 그늘진 연립주택 입구 통로에 모였던 길고양이들이 날이 추워지자 사라졌다. 간혹 원조, 타이거, 초코바닐라가 돌아가면서 한 마리씩 보이긴 했지만 여러 고양이가 모이는 모습은 사라졌다. 대신 겨울이 되자 따뜻한 환풍구 뒤에 피카추, 펠릭스, 장화와 홍련이 다시 모였다. 여름 동안 그들은 어디에 있던 것일까? 아마도 내가 모르는 그늘이 있는 서늘한 곳에 있었을 것이다.

영역 방어 행동을 비교하면 뒷산고양이가 골목고양이보다 배타적 성향이 강했다. 망고는 백설기나 누룽지의 영역 침범을 굴복하듯 무기력하게 지켜봤지만 기본적으로 다른 고양이가 쉼터에 오는 것을 싫어했다. 깜장이나 짜장처럼 자기보다 약해 보이면 공격해서 쫓아버리려 했다. 쉼터와 병원 사택 사이 숲을 차지하고 있던 타이슨도 다른 고양이를 만나면 공격했다. 놀부와 짜장, 짜장과 콩쥐가 만났을 때도 경계음을 내며 상대방과 대치하며 쫓아내려 했다. 이처럼 뒷산고양이는 골목고양이보다 단독생활을 하려는 경향이 강했다.

반면 골목고양이는 서너 마리 이상이 자주 모여 있었다. 길고양이의 영역 방어 행동은 사는 환경에 따라 다르다. 길고양이의 영역은 400제곱미터에서 800만 제곱미터까지 다양하며, 마을이나 국가 단위로 고양이 분포를 보아도 제곱킬로미터당 1마리에서 2000마리까지 차이가 크다.[05]

일반적으로 길고양이는 영역 다툼을 심하게 벌이지 않는다. 이동하기 위해 영역을 넘나들거나 발정기 때 영역을 침범하는 것이 자유롭게 허용된다.[06] 특히 먹이가 특정 장소에 모여 있고 고양이 밀도가 높은 곳에서는 영역 방어 행동이 덜하다. 고양이들이 몰려든 상황에서 영역 방어 행동을 하면 잦은 싸움으로 부상을 입을 수 있다. 득보다 실이 많으므로 고양이들은 다투지 않고 같이 있는 쪽을 택한다. 골목고양이가 무리를 이루는 것은 서식지 면적이 좁은 반면 사료 급식 장소는 많기 때문으로 보인다.

보통 길고양이는 창고나 쓰레기장 같은 먹이 공급처를 중심으로 무리

지어 산다. 고양이에게 유달리 호의적인 이슬람권에서는 길고양이가 해변에 무리 지어 산다. 어부가 잡은 생선에서 잡고기나 생선 해체 부산물을 풍족하게 얻을 수 있기 때문이다. 이런 곳의 고양이들은 다른 고양이와 한 장소에서 잘 어울리는 사회적인 모습을 보인다. 무리생활은 주로 암수 사이 또는 암컷들 사이에서 많이 발견되며 중성화 수술을 한 수컷 사이에서도 나타난다.[07] 그 무리가 최대 50여 마리에 이르기도 한다.

골목고양이를 보면 중성화 수술을 하지 않은 수컷들도 같은 자리에 있었다. 원조와 타이거는 모두 중성화 수술을 하지 않은 수컷이지만 연립주택 통로에서 같이 쉬었다. 원조만 나중에 TNR을 했지만 그 이전에도 타이거와 한 공간에 있었다. 안면을 튼 수컷끼리는 휴식을 위해 모여 쉬는 정도는 서로 용납했다. 그러나 원조가 위협음을 내면 타이거가 움찔거리며 거리 두는 것을 보면 경계심이 완전히 없지는 않았다. 한 장소에서 쉬기는 했지만 수컷끼리 함께 이동하는 모습은 보이지 않았다. 오직 암수나 암컷끼리만 함께 이동했다.

길고양이는 무리를 이루어도 보통 단독으로 움직인다. 길고양이 무리는 늑대 무리처럼 조직력을 갖춘 것은 아니다. 길고양이 무리는 독자적으로 행동하는 고양이들이 한 장소에 모여 있는 것에 가깝다. 한 장소에 있으면서 서열도 생기지만 우두머리 고양이는 늑대 무리의 리더처럼 무리 전체를 통제하지 못한다. 그저 먹이를 먹을 때나 짝짓기 때 우선권이 주어질 뿐이다.

사실 집고양이도 길고양이 무리와 비슷한 연대를 동족을 대신해 사람과 맺고 있다. 사람과 같이 잘 지내지만 집고양이는 독자적으로 행동한다.

따라서 사람이 개와 비슷한 연대를 고양이에게 기대하면 실망할 수밖에 없다. 개는 리더에 복종하며 무리와 함께 움직인다. 반면 고양이는 무리를 이루더라도 기본적으로 행동은 독자적으로 하며 집단행동이나 리더의 통제를 받아들이지 않는다.

그러나 어떤 길고양이는 단순히 공간에 같이 있는 것을 넘어선 연대를 맺기도 한다. 못난이와 홍련, 장화와 홍련, 얄개와 색동이는 짝을 이루어 움직이는 경우가 꽤 많았다. 그중에서 얄개와 색동이는 서로에 대한 애정이 유별났다. 늘 같이 있는 것은 아니지만 꽤 많은 시간을 같이 다녔다.

이처럼 고양이는 다양한 무리 활동을 한다. 고양이과 동물 중 무리 활동을 하는 것은 사자와 고양이뿐이다. 사자와 고양이의 무리는 비슷한 면이 꽤 있다. 두 동물 모두 모계 중심으로 무리를 이룬다. 사자는 혈연관계인 암컷 몇 마리와 그 새끼, 그리고 외부에서 들어온 한두 마리의 수컷으로 구성된다. 무리의 중심을 이루는 암컷은 성장해도 무리에 남아 같이 산다. 반면 수컷은 어느 정도 성장하면 우두머리 수컷에 의해 무리 밖으로 쫓겨난다. 그리고 떠돌이 생활을 하다가 무리를 거느린 다른 수컷에 도전해 이기면 한 무리의 우두머리가 된다.

길고양이 무리도 모계와 관련성이 높다. 새끼 암컷은 성장한 후에도 어미 곁에 머물며 모계사회를 이루는 경우가 꽤 있다. 이런 행동은 공동 보육을 통해 생존 확률을 높일 수 있고 먹이가 풍부한 장소를 어미가 새끼에게 대물림해 번식이 잘되게 하는 효과가 있다. 물론 모계사회 형성은 큰 쓰레기장처럼 먹이가 풍부한 곳에서만 형성된다. 그렇지 않은 작은 쓰레기장은 먹이가 부족하므로 어미가 새끼를 쫓아버린다.[08]

암컷과 달리 수컷은 성장하면 무리를 떠난다. 이는 근친교배를 막는 행동이다. 무리를 떠난 수컷은 낯선 암컷 무리에 합류하기도 한다. 그 이유는 수컷이 힘이 더 세서 암컷이 물리치기 어려울 뿐만 아니라 무리 내 번식을 활성화하기 때문이다. 반면 낯선 암컷이 나타나면 암컷 무리는 공격하는데, 새로운 모계가 형성되면 자신들의 번식이 위협받을 수 있기 때문이다.

암컷 고양이들은 사자 무리처럼 공동 육아를 하는 모습을 보이기도 한다. 서로 다른 어미가 낳은 새끼들이 같은 보금자리에서 자라며 어미가 아닌 다른 암컷의 보살핌을 받기도 한다. 대체로 자매와 같이 가까운 친척 관계인 암컷 사이에서 공동 육아 현상이 나타난다.[09] 이러한 경우 발정 주기가 동조화되어 출산 시기도 거의 같아진다. 아마도 소변 속 성호르몬과 몸 냄새가 서로에게 영향을 미친 것으로 보인다. 공동 보육을 하는 무리는 먹이를 찾아 나선 어미를 대신하여 다른 고양이가 젖을 주거나 체온을 유지해주고 적의 공격을 방어한다.[10] 성장한 암컷 고양이가 독립하지 않고 어미 곁에 머물면서 나중에 태어나는 새끼들을 돌보는 보모 역할을 하기도 한다. 망고가 중성화 수술을 받지 않았다면 심성이 착한 콩쥐는 좋은 보모 역할을 했을 것이다.

새끼를 낳은 색동이

6월 초여름 밤에 감나무집 뒷집 담벼락에서 새끼 두 마리와 함께 있는 색동이를 만났다. 아직 어린 티가 남아 있는 색동이가 새끼를 낳았다. 새끼는 둘 다 고등어 계열이었다. 색동이와 그 새끼들은 감나무집 뒷집 담장에 뚫린 작은 구멍으로 드나들었다. 집 뒤와 담 사이의 작은 공간이 색동이의 안식처로 보였다. 내가 다가가자 색동이는 잠시 얼굴을 찡그리며 위협했지만 더 이상 공격적으로 나오진 않았다. 새끼들도 기본적으로 사람을 두려워했지만 간식을 던져주면 발 앞까지 와서 먹었다. 그런 새끼들을 색동이는 별로 불안해하지 않고 바라보았다. 순간적으로 잠깐 졸기도 했다. 사람을 경계하지만 천성이 꽤 태평한 녀석이었다. 한참 새끼들을 보고 있는데 자동차 한 대가 골목으로 들어왔다. 자동차를 별로 두려워하지 않고 골목길에 그냥 멀거니 있는 새끼들이 위험해 보여 담벼락 쪽으로 쫓았다.

색동이 모자는 낮에는 밖으로 나오지 않고 밤이 깊어서야 돌아다녔다. 어느 날엔 어미는 보이지 않고 새끼 한 마리만 밖에 나와 감나무집 쪽에서 흘러나와 골목길에 고여 있는 물을 마시고 있었다. 나를 보자 쓰레기봉투와 스티로폼 박스가 쌓여 있는 곳으로 숨었다. 혹시 어미가 어디로 가버린

늦은 밤 골목길에 나와 있는 색동이와 새끼

건 아닐까 걱정되었다. 새끼의 미래가 위태해 보였다.

7월이 되자 색동이는 신데렐라와 같이 다녔다. 색동이 곁에는 더 이상 새끼가 없었다. 6월에도 아주 어렸던 것을 생각하면 색동이 곁에 여전히 새끼가 있어야 할 시기였다. 어쩌면 색동이 새끼들은 짧은 삶을 살다가 도시의 야생에서 숨을 거두었을지도 모른다.

9월에 두 차례 번식 사례를 보았다. 여름에 골목고양이 무리에 암컷 노랑이가 새로 합류했는데 스머프에 나오는 고양이 이름을 따서 '아즈라엘'이라 했다. 그런데 아즈라엘이 9월경에 감나무집 지붕에서 1개월 내외의 어린 새끼 한 마리와 같이 있는 것을 보았다. 새끼의 코 주변에 체액이 많이 분비되어 있어 지저분했다. 색동이 새끼들처럼 아즈라엘의 새끼도 건강이 안 좋아 보였다. 역시 한 달쯤 뒤에 아즈라엘도 혼자 다녔다.

같은 시기에 자수가 새끼와 같이 있는 것을 보았다. 퇴근길에 만난 자수는 도서관 옆 고양이 급식소에서 먹이를 먹고 있었다. 밥을 먹은 뒤 도로 건너편 상가 건물 뒤로 갔다. 건물 뒤에 개나리 수풀이 있었다. 자수는 그 안으로 사라졌다. 안을 들여다보니 노란 새끼 고양이가 한 마리 있었다. 자수는 개나리 수풀 속에서 나를 보고 폭탄처럼 위협음을 내며 경계했다. 주변에 머리가 없는 멧비둘기 사체가 있었다. 산에 사는 멧비둘기가 어쩌다 주택가까지 내려와 사냥당했을까? 아무래도 자수가 사냥한 것으로 보였다. 양육기에 새끼의 영양을 위해 자수는 사냥 행동도 한 것이다.

일반적으로 고양이는 새끼를 3~6마리 낳는데, 번식한 골목고양이 주변에는 한두 마리만 있었다. 환경이 좋지 않으면 동물은 새끼 중 일부를 도태시키고 살 가능성이 높은 개체만 선택해 키운다. 망고와 폭탄이 많은 새

아즈라엘과 새끼.
아즈라엘의 새끼는 코 주변이 지저분해서
건강이 안 좋아 보였다.

끼를 키워낸 것에 비해 골목고양이들은 적은 수를 키웠고 그마저도 생존에 실패한 것으로 보인다. 골목고양이의 밥자리가 상당히 많은 것을 고려할 때 어떤 점에서 뒷산고양이보다 골목고양이의 번식이 어려운지 의아했다.

야생동물은 새끼 때 많이 죽는다. 길고양이도 많은 수가 새끼 때 죽는다. 길고양이 새끼의 생존율은 매우 낮아서 아주 좋은 환경에서도 한 살까지 약 20퍼센트만 살아남는다고 한다. 새끼 길고양이는 다양한 이유로 죽는다. 우선 먹이 부족이나 질병 그리고 동족의 수컷도 죽음의 원인이다. 수컷은 새끼 고양이를 보면 물어 죽인다. 심지어 먹어 치우기도 한다. 수컷이 새끼 고양이를 죽이는 이유는 자신의 씨를 퍼뜨리기 위해 양육하느라 발정이 멈춘 암컷을 발정하게 만들려는 행동이라 한다. 사자 수컷이 무리를 차지하면 암컷과의 교미를 위해 이전 수컷의 새끼를 모두 죽이는 것과 같은 행동으로 추정된다. 수고양이가 새끼 죽이기를 시작하면 그 근방의 새끼 고양이를 모두 죽이기 때문에 그 영향은 크다. 새끼는 까마귀나 까치처럼 공격성이 있는 다른 동물에 의해 죽을 수도 있다. 시골이라면 족제비, 너구리, 삵 등 새끼 고양이를 위협할 동물은 더 늘어난다. 새끼 고양이는 로드킬 당할 확률도 높다. 이런 모든 과정을 이겨낸 생존력 강한 고양이만 성체 길고양이가 된다.[11]

동네고양이의 TNR

색동이처럼 길고양이들의 출산을 막으려면 골목고양이의 TNR이 필요했다. 2019년 겨울, 골목고양이 중 장화, 홍련, 콧물, 이쁜이, 흰나리 등에게 중성화 표시가 있었다. 초코바닐라는 중성화 표시가 없었는데 이듬해 5월경에 보니 표시가 있었다. 분명 TNR이 동네에서 진행되고 있었다.

구청의 해당 부서에 전화를 해서 골목고양이들의 TNR을 신청했다. 병원 산책로 입구의 철봉와 간짜장도 함께 신청했다. 그 후 해맞이광장 무리가 생겨났을 때 그들에 대한 TNR도 신청했다. 접수를 받는 담당자는 구청에 적절하게 제보를 해주면 TNR을 효과적으로 할 수 있다고 했다.

신청의 성과로 백설기가 대신 중성화 수술을 받았다. 철봉이와 간짜장에 대해 신청했을 때 해당 지점에 이미 접수된 신청과 합쳐서 진행한다고 했는데 그 결과였다. 이미 신청한 건은 망고의 캣맘이 쉼터 주변 고양이들에 대해 한 것이었다. 꾸준히 중성화에 관심을 갖는 모습이 좋아 보였다.

철봉이의 귀에는 아무런 변화가 없었다. 그런데 TNR과 관련 있는지는 모르지만 간짜장이 사라졌다. TNR 과정에서 어떤 문제가 있었던 것일까, 아니면 새로운 영역을 찾아간 것일까? 해맞이광장 무리에서는 깜장이 중성화 수술을 받았다. 보리는 이미 받은 상태였고 수수는 TNR을 피했다. 수크령은 그 후 나타나지 않아서 어찌 되었는지 알 수 없었다.

골목고양이들에게는 아무런 변화가 없었다. 구청에 문의하니 신고 건에 대해서는 한 번 나가서 해결 안 되면 두 번까지 현장에 나가고, 포획틀은 주로 밤에 설치해 아침에 회수한다고 했다. 사람들이 보면 잡힌 길고양이를 풀어주거나 포획틀을 훼손할 수 있기 때문이란다. 포획 작업이 이루어지면 신청자에게 설명을 듣기 위해 포획반에서 연락을 취한다고 했다.

깊은 밤 시간에 놓인 포획틀. 반감을 가진 주민이 훼손하지 않게
차라리 TNR의 취지 안내문을 눈에 띄게 붙여 놓으면 어떨까 생각되었다.

10월이 되어 포획반에서 연락이 왔다. 내게 골목고양이에게 먹이를 주냐고 묻기에 그렇지 않다고 했다. 그는 보통 먹이 주는 사람들이 길고양이들이 어디에 있는지 잘 알아 도움을 받을 수 있다고 했다. 그래서 골목고양이들의 위치를 자세히 설명해주었다. 그날 밤 10시에 가보니 포획틀이 놓여 있었고, 포획 여부를 확인하러 다음 날 아침 6시에 가니 이미 포획틀이 철거된 뒤였다. 그다음 날 밤에 다시 포획틀이 놓였던 자리에 가보았으나 포획틀이 없었다. 전날 포획된 길고양이가 있었던 것이다.

일주일쯤 뒤에 귀 끝이 잘린 색동이를 보았다. 그리고 그즈음 골목에 새로 나타난, 예전 어린이 잡지 이름을 따서 '새소년'이라 지은 노랑이도 귀 끝이 잘려 있었다. 몇 주 뒤 원조의 귀에서도 중성화 표시를 보았다. 더 이상 번식하지 않고 발정음도 안 내게 된 그들을 보면서 이제 인간과 큰 갈등 없이 살 수 있는 자격증을 얻었구나 하고 안도의 마음이 들었다. 또한 그들이 결코 원치 않았을 수술을 받게 한 미안함도 있었다.

중성화된 원조. 상남자 스타일의 녀석이 중성화된 것을 보니 좀 안됐다는 생각이 들었다.

2019년 가을에서 2020년 봄 사이에 만난 17마리의 골목고양이 외에 가을까지 아즈라엘과 새소년을 더 만나 모두 19마리의 고양이를 만났다. 그중 9마리가 중성화 수술을 받아서 47.4퍼센트가 중성화되었다. 서울시 길고양이의 평균 중성화률보다 높은 편이었다. 그러나 TNR이 개체 수 조절 효과를 얻으려면 지역 내 길고양이의 75퍼센트 이상이 중성화 상태로 유지되어야 한다는데,[12] 이에는 많이 못 미쳤다. 신고 한 번으로 세 마리를 중성화한 것은 꽤 성공적이지만 그 후 더 이상 TNR은 없었다. 개체 수를 줄이는 것은 어려워 보였다.

그래도 개체 수 조절에 조금이라도 도움이 될까 하여 이듬해 봄에 둘리 남매의 TNR을 구청에 신청했다. 둘리 남매가 새끼를 낳아 고양이 수가 더 늘어나면 캣맘들이 그만큼 더 사료를 주어 계속 고양이가 늘어나는 것이 우려되었다. 그곳에 급식되는 사료의 양을 일정 정도에서 멈추게 하고 싶었다.

사라졌다 나타난 이쁜이

가을이 되면서 이쁜이가 자신의 집에서 더 이상 보이지 않았다. 그전에는 이삼 주에 한 번 정도 나타나더니 언제부터인가 계속 보이지 않았다. 그러다 주택가 아래쪽 철물 저장소에서 이쁜이를 보았다. 신데렐라와 같이 길에 버려진 음식물을 먹고 있었다. 내가 다가가자 이쁜이는 다가와서 내 다리를 스치며 한 바퀴 돌았다. 원래 있던 곳에 가면 사료도 있고 편히 쉴 집도 있는데 왜 이곳에 왔을까 의아했다. 사람이 생각하는 기준과 고양이가 살기 좋다고 느끼는 기준은 다를 것이다. 이쁜이는 상당 기간 철물 저장소 주변에서 보이다 나중에는 그곳에서도 보이지 않았다.

한 달 반쯤 이쁜이가 보이지 않아 다른 영역으로 간 것이라 생각했다. 어디로 갔는지 모르지만 원래 집보다 살기 좋은 곳을 찾아갔기를 바랐다. 그런데 어느 날 아침 이쁜이가 다시 나타났다. 이쁜이는 그 후로도 이렇게 나타났다 사라지기를 반복했다. 이쁜이는 어디에 갔다 온 것일까? 늙은 암컷도 젊은 수컷처럼 여행 행동을 하는 것일까? 아니면 여러 곳에 영역을 두고 순차적으로 돌아가면서 사는 것일까? 고양이의 행동이 워낙 다양해서 뭐라고 규정할 수 없었다.

사라진 골목고양이

2020년 가을에 오랜만에 다시 만난 못난이는 병에 걸린 것 같았다. 무척 말랐고 털 결이 좋지 않았다. 병든 고양이는 그루밍을 제대로 못해 지저분하다. 못난이는 침을 질질 흘리고 있었다. 신데렐라도 비슷하게 침을 흘리는 증상을 보였는데……. 언젠가 그들이 사라질 것 같은 불안감이 들었다. 신데렐라를 비롯해 슈렉, 콧물이 언제부터인가 보이지 않았다. 물론 그대로 살고 있는데 단지 내가 보지 못했을 수도 있었다. 그러나 오랫동안 한 번도 보지 못했으니 사라졌을 가능성이 컸다. 시간이 흐르면서 고양이들은 이렇게 사라졌다.

고양이들이 사라진 이유는 무엇일까? 인간사의 질곡처럼 그들에게도 무언가 일이 있었을 것이다. 다른 고양이와의 싸움 끝에 쫓겨날 수도 있고, 더 나은 곳을 찾아갈 수도 있고, 어떤 이유로 죽었을 수도 있다. 집고양이가 15년 넘게 살지만 길고양이는 2~3년 정도 살다가 간다. 부족한 먹이, 각종 질병, 로드킬, 사람에 의한 가해 등 많은 위험에 처해 있기 때문이다. 이처럼 다양한 이유로 길고양이는 살던 곳에서 사라진다. 그들이 떠난 자리는 아즈라엘이나 새소년 같은 다른 고양이가 채웠다. 동네에서 태어난 고양이가 성장해서 살던 곳에 자리 잡은 경우는 볼 수 없었다. 새로운 골목고양이들은 모두 다른 곳에서 이주해온 성체들이었다.

그래도 골목고양이와 뒷산고양이는 비교적 좋은 조건에서 살고 있었다. 우선 먹이 조건이 좋았다. 동네 구석구석에 사료 급식 장소가 있고 뒷산 곳곳에도 사료가 놓여 있었다. 다른 위험도 비교적 적었다. 동네를 둘러싼 큰 도로를 건너가려고만 하지 않으면 로드킬 당할 우려는 거의 없었다. 이면도로에서 자동차는 속도를 줄이고 고양이를 피해갔다. 길고양이에 대한 사람의 가해 행위도 보이지 않았다. 다만 길고양이에게 먹이를 주지 말라는 경고문은 여러 곳에 붙어 있었다.

길고양이의 질병

못난이에게 찾아온 것 같은 질병은 길고양이에게 큰 위험 요인 중 하나다. 길고양이가 질병에 걸리면 집고양이처럼 치료를 받을 수 없기 때문에 죽음으로 이어지기 쉽다. 길고양이는 각종 전염병에 노출되어 있다. 길고양이는 '고양이백혈병(feline leukemia)', '범백혈구감소증(feline panleukopenia)', '고양이면역결핍바이러스(feline immunodeficiency virus) 감염증' 같은 전염병을 앓는 경우가 있는데, 셋 다 치사율이 상당히 높다.

길고양이에게는 구내염도 매우 빈번하게 발생한다. 구내염에 걸리면 침을 질질 흘리고 먹이를 제대로 먹지 못해서 결국 죽는다. 입이 아파서 그루밍도 제대로 할 수 없어 구내염에 걸린 고양이는 매우 불결하고 불쌍한 모습이다. 못난이가 침을 많이 흘리고 털 결이 안 좋은 것을 보면 구내염에 걸린 것으로 보였다. 신데렐라도 못난이만큼은 아니지만 침을 흘려 역시 구내염에 걸린 듯했다.

고양이 간의 싸움이 질병으로 이어질 수도 있다. 농양은 싸운 후 상처 부위가 박테리아에 감염되어 고름이 가득 찬 혹이 되는 증상이다. 망고가 다른 고양이에게 엉덩이를 심하게 공격당한 후 캣맘이 치료해주었던 증상이 농양이다.

여러 질병 중에 인수공통 질병도 있다. 고양이와 사람에게 공통으로 매개되는 질병 인자로는 광견병바이러스, 톡소플라스마원충, 칼리시바이러스 등이 있다. 광견병은 감염되면 죽음에 이르는 무서운 질병이다. 광견병의 매개 동물로 개를 떠올리지만 고양이도 매개 역할을 한다. 톡소플라스마원충도 고양이를 매개로 사람에게 감염될 수 있다. 감염되면 망막변성 · 뇌수막염을 일으킬 수 있으며 임산부의 유산과 태아 기형을 유발할 수 있다. 칼리시바이러스는 사람에게 구강과 호흡기에 질병을 일으킬 수 있다. 촌충, 편모충, 진드기, 벼룩 같은 벌레도 고양이와의 접촉으로 옮을 수 있다. 곰팡이에 의해 전염되는 링웜(백선증)도 인수공통 감염병이다.

그러므로 길고양이와 직접적인 신체 접촉을 하지 않는 것을 권한다. 물론 길고양이가 전염병을 크게 퍼뜨린 사례는 없다. 그렇더라도 길고양이를 만지지 않는 것이 더 안전하다.

계절에 따라 옮기는 거처

날이 추워지면서 홍련은 이쁜이처럼 특정 집 근처에 머무는 집고양이 같은 행동을 보였다. 이면도로 개인주택 옆에 길고양이집이 있었지만 어느 고양이도 들어가지 않았지만 홍련이 종종 들어갔다. 이면도로 개인주택 앞만이 아니라 그 이웃집 문 앞에도 사료가 놓여 있었다. 홍련은 특별히 이동할 필요를 못 느꼈을 것이다. 홍련의 밥자리 주변 주민들은 그곳을 들르는 길고양이를 마치 집고양이처럼 생각하며 먹이를 내놓고 있었다.

못난이를 제외하고 내내 보이지 않던 환풍구 뒤 일광욕 모임이 다시 시작되었다. 연립주택 주변의 길고양이들이 차차 얼굴을 터가며 무리에 섞였던 것과 달리 환풍구 무리는 연립주택 무리와 교류하지 않았다. 분리된 무리로, 서로의 영역에 들어가는 행동을 별로 하지 않았다. 전반적으로 환풍구 무리는 연립주택 무리에 비해 영양 상태가 좋지 않아 보였다. 가을에 털결이 좋지 않았던 못난이는 겨울에 증상이 악화되어 털이 반 정도 빠지고 비쩍 곯았다. 죽음의 그림자가 드리워져 보였다. 예전에 그곳에 모여 일광욕하던 환풍구 무리는 환풍구 근처로 오기는 했지만 서로 떨어져 햇볕을

찌었다. 원래 모였던 환풍구 바로 뒤에 커다란 흙더미가 거칠게 쌓여 있어 쉬기가 불편했던 모양이다.

연립주택 통로 모임은 해산되어 원조와 타이거는 어디론가 종적을 감추었다. 색동이와 얄개는 연립주택 통로 대신 햇볕이 잘 드는 이쁜이집 옆에서 일광욕을 했다. 도로에 노출되어 길고양이가 꺼릴 만한 장소이지만 색동이와 얄개는 겨우내 그곳에서 일광욕을 하곤 했다. 직접 손길이 닿는 것은 피하지만 비교적 사람에 대한 두려움이 없는 길고양이기 때문에 가능한 일이었다. 사람들은 그들을 보아도 무심히 지나갔고 녀석들도 천연덕스럽게 졸았다. 이쁜이는 처음에 그들에게 불만스러운 울음소리를 냈지만 이내 받아들였다. 얼마 후 이쁜이는 자기 자리를 색동이와 얄개에게 뺏기고 조금 떨어진 곳에서 자리 잡고 쉬었다. 캣맘이 그 변화를 알아차렸는지 별도로 사료와 물을 그곳에 두었다.

연립주택 통로 모임이 없어진 후 색동이와 얄개는 이쁜이집에 와서 일광욕을 했다.
이쁜이는 이들을 못마땅해했지만 이내 받아들였다.

이렇게 골목고양이들은 작은 영역 안에서도 계절에 맞는 미소환경(한 생물에 미치는 직접적인 특수화된 환경으로 보통 서식지 중의 작은 장소)을 선택해 옮겨 다니며 머물렀다. 길고양이는 자신이 어디에 있어야 하는지를 알았다. 연립주택 주변의 밥자리 한두 곳이 줄면서 늘 확실하게 사료가 있는 이쁜이집 근처가 핫플레이스가 되었다. 자수와 초코바닐라가 종종 들렀고 새소년과 아즈라엘은 서로 짝을 이루어 이쁜이집에서 멀지 않은 지붕에서 쉬었다. 암컷이 중성화된 수컷과도 호의적인 관계를 보이는 모습이었다.

반면 얄개는 봄기운이 짙어지자 발정음을 내며 번식력이 있는 수컷을 찾았다. 그리고 색동이 대신 원조를 많이 닮은 수컷과 이쁜이집에서 함께 머물렀다. 중성화 표시가 없는 것을 보면 원조는 아닌데 꽤 닮은 녀석이었다. 이렇게 골목고양이 무리는 시간이 흐르면서 구성원이 조금씩 바뀌었다.

이쁜이 집 근처에서 함께 쉬고 있는 새소년과 아즈라엘. 둘의 모습이 매우 편안해 보였다.

초봄에는 골목고양이 대부분이 보이지 않았다. 어찌된 일인지 경로당 옆 이쁜이집이 치워지고 그곳에 늘 있던 사료도 보이지 않았다. 캣맘이 이사를 간 것일까? 아니면 주민과의 갈등으로 잠시 먹이 주기를 멈추거나 밥자리를 옮긴 것일까. 골목고양이들은 먹이를 찾아 다른 곳에 머무는 시간이 늘어났는지 볼 수가 없었다.

봄빛이 짙어지고 기온이 올라가자 연립주택 입구 통로 모임이 시작되어 아침 출근길에 다시 그들을 볼 수 있었다. 원조와 타이거, 초코바닐라도 나타났다. 조건이 변하면 길고양이는 거처를 그에 맞게 옮겼다. 이렇게 뒷산고양이들처럼 골목고양이들의 시간도 흘렀고 그 안에서는 변화가 계속되었다.

4부

다른 동네 고양이

농촌 고양이

내 발목 옆의 고양이, 꽃분이

길고양이를 다룬 유명한 영화로 「내 어깨 위의 고양이, 밥」이 있다. 노숙하며 사는 마약중독자 제임스, 그는 아무 희망 없이 버스킹을 하며 우울한 삶을 살고 있다. 그런 그에게 어느 날 길고양이 '밥'이 불쑥 찾아온다. 밥은 제임스가 버스킹 하러 다닐 때면 그의 어깨 위에 올라가 있곤 한다. 제임스는 밥과 함께 버스킹 하면서 희망을 찾는다. 내게도 고양이 한 마리가 찾아왔다. 그런데 녀석은 어깨가 아니라 발목 옆에 붙어 있길 좋아했다.

나와 아내는 퇴직 후에는 귀농할 생각이다. 아내가 귀농 예행연습으로 귀농 · 귀촌 교육을 같이 받은 지인과 경기도의 한 농촌에 월세를 분담해서 셰어하우스 방식으로 주말집을 마련했다. 주중에는 아내의 지인이 농업 프로그램 참여를 위해 사용하고 우리 부부는 토요일에 들러 빌린 밭을 가꾸며 머물렀다.

처음 시작했을 땐 여러 가지가 마음에 들지 않았다. 서울에서 주말 농지까지 토요일 하루에 네댓 시간 운전하고 또 네댓 시간 일하다 올라오니 제대로 밭일도 못하고 피곤하기만 했다. 주말 농지에 마련한 집도 마음에 들지 않았다. 축대 아래에 있고 북향이었다. 마당에 나무가 너무 많아 그늘이 드리워져 텃밭 삼아 마당에 채소를 심어도 제대로 자라지 않았다. 빌린 밭은 산 아래여서 수시로 멧돼지와 고라니가 내려와 작물을 뜯어 먹어 제대로 가꿀 수 없었다. 그런데 이 모든 불만이 주말집 마당에 삼색 고양이 한 마리가 들어오면서 사라졌다.

삼색 고양이 이름을 '꽃분이'라 지었다. 꽃핀 것 같은 삼색 털빛의 고양이가 예쁘면서도 어딘지 순박한 느낌이 들어서였다. 꽃분이는 어느 날 주말집 뒷마당에 들어와 자리를 잡았다. 어떤 고양이는 밥이나 꽃분이처럼 이렇게 불쑥 찾아와 주인을 선택한다. 이른바 집사 간택이다. 우리 경우 아내의 지인이 간택된 것인지 우리 부부가 간택된 것인지는 알 수 없었다. 아마도 집을 선택했고 거기에 집사들이 따라왔다는 게 맞을 것이다. 처음에는 아내의 지인이 꽃분이에게 사료를 주었다. 그러다 나도 사료를 주게 되었다. 홀가분하게 혼자 있으면서 사료를 먹을 수 있는 주말집이 꽃분이는 마음에 들었던 모양이다. 그리고 꽃분이가 들어오면서 나도 주말집이 마음에 들게 되었다.

꽃분이는 사람을 무척이나 따르는 개냥이였다. "꽃분아" 하고 부르면 착한 어린이가 선생님 말씀에 꼭꼭 대답하는 것처럼 "야옹" 하며 대답했다. 자세를 낮추어 앉으면 꼭 다가와서 몸을 비비고 '골골' 소리를 냈다. 작물

꽃분이는 내가 작물을 가꿀 때면 발목 옆에 찰싹 달라붙었다.

을 마당에서 가꾸고 있으면 꽃분이는 내 발목 옆에 찰싹 붙어 있었다. 꽃분이가 이렇게 붙어 있으면 기분이 좋았다. 어쩌다 나도 모르는 사이에 다가와 있다가 내 발에 밟혀 꽃분이는 크게 아픈 소리를 내며 달아났다. 걱정되어 따라가니 다시 다가와 비벼댔다. 그 후로도 꽃분이는 발목 옆에 있는 것을 멈추지 않았다. 다시 그런 일이 없을 거라고 믿는 것인지 하여튼 어지간히 사람을 좋아하는 고양이였다.

내가 마당에 있는 의자에 앉아 있으면 꽃분이는 무릎 위로 뛰어 올라와 앉았다. 그러고는 온갖 애정 표현 종합 세트를 내게 쏟아부었다. 몸을 비비고 골골 소리를 내며 혀로 핥았다. 핥다가 깨문 적도 있었다. 핥다가 깨무는 것은 애정 표현이라고 하지만 어떨 때는 너무 세게 물어서 아팠다. 어린 시기의 사회화 과정에서 장난칠 때 이빨과 발톱의 사용을 자제해야 한다는 걸 배우지 못하면 고양이는 강도를 조절하지 못하고 사람에게 상처를 줄 수 있다. 전에 이쁜이가 볼을 비비다 깨물었던 것도 강도 조절을 배우지 못하고 애정 표현을 한 것인지도 모른다.

꽃분이는 앞발로 상대를 꾹꾹 누르는 꾹꾹이 행동도 했다. 이것도 애정 표현인데 상당히 아팠다. 이 행동은 원래 새끼 때 어미의 젖이 잘 나오게 꾹꾹 누르던 행동에서 비롯되었다. 성체는 발바닥의 냄새를 상대에 묻혀 호감을 표현하기 위해 꾹꾹이를 한다. 그런데 꾹꾹이를 할 때 단순히 발바닥으로 누르는 것이 아니라 발톱을 밖으로 내서 움켜쥐었다 놓기 때문에 옷 위로 꾹꾹이를 해도 아팠다. 그래도 내가 좋다는 뜻이니 꽃분이가 꾹꾹이를 할 땐 꾹 참았다.

이렇게 꽃분이와 같이 시간을 보내면 마음이 평온해지고 힐링이 되었다. 연신 골골 소리를 내는 걸 보면 꽃분이도 그런 것 같았다. 꽃분이가 내게 하는 것은 새끼 고양이가 어미에게 보이는 행동들이다. 꽃분이도 내가 많이 좋았던 모양이다.

그런데 꽃분이는 내가 서울로 떠날 때면 어찌 아는지 더 이상 달라붙지 않았다. 차에 타는 나를 좀 냉랭하다 싶을 정도로 멀찍이 떨어져 쳐다보았다. 고양이는 만남과 헤어짐에 담백하다. 주인이 어디로 가려면 따라오는 개와 달리 고양이는 가는 사람을 잡지 않는다.

무릎 위에 있는 걸 좋아한 꽃분이. 고양이는 마음이 편안할 때면 눈이 가물가물 조는 듯하다.

장독대 무리

주말집에서 두 골목 건너에 할머니가 사시는 집이 있는데, 그 집 마당의 장독대를 중심으로 고양이 한 무리가 살았다. 십여 마리가 있는 것을 본 적도 있었다. 그들 중 개체가 분명하게 구별되어 확인한 것은 삼색이 한 마리, 고등어 한 마리, 노랑이 세 마리였다. 삼색이는 눈 주변에 선명한 선이 있어 '아이라인', 고등어는 장독대에서 만났다고 '간장'이라 이름 지었다. 노랑이 중 둘은 장독대에서 만나서 '된장'과 '쌈장', 나머지 노랑이는 왠지 자꾸 씨를 뿌리고 다닐 것 같아 '민들레'라 불렀다.

장독대 무리 중 아이라인과 간장은 암컷이고 나머지는 수컷이었다. 보통 수컷은 영역 본능 때문에 서로를 몹시 싫어한다지만 민들레, 된장, 쌈장은 잘 어울렸다. 골목고양이들에게서 보았듯이 수컷끼리 싸우지 않고 어울리기도 한다. 대체로 먹이가 풍부한 장소에서 그렇다. 장독대 무리 중 아이라인과 민들레는 사람을 피하지 않았지만 나머지는 길고양이처럼 사람을 피했다. 할머니네서 사료를 얻어먹지만 상당히 야생화된 것이다.

꽃분이는 원래 장독대 무리의 일원이었다. 꽃분이는 이웃집이 고양이로 북적대자 무리를 이탈해서 새로운 영역을 개척한 것으로 보였다. 장독대 무리 중 몇몇 고양이는 꽃분이처럼 마을 이곳저곳에 다른 영역을 만들

장독대 무리. 왼쪽부터 아이라인, 된장, 간장

앞쪽이 된장, 뒤쪽 어린 고양이가 쌈장. 둘은 수컷인데도 사이가 좋았다.
수컷 사이에도 우호적인 관계가 생길 수 있음을 보여준다.

었다. 그러면서 필요할 때면 할머니네 들러 밥을 먹고 갔다.

할머니네 고양이들은 외출냥이로 키워졌다. 주인이 있고 밥도 얻어먹지만 자유롭게 돌아다녔다. 주인의 구속력은 거의 없어 보였다. 농어촌 지역은 도시처럼 실내에서 고양이를 키우지 않기 때문에 대부분 외출냥이로 키운다. 그리고 한두 마리가 아니라 고양이를 6~8마리 키우는 집도 꽤 있다. 중성화 수술에 대한 지역사회의 압박이 도시와 달리 약하기 때문에 고양이를 키우면 금방 수가 불어나서 그럴 것이다.

농어촌 지역에서는 길고양이와 외출냥이의 구분이 애매하다. 외출냥이는 자유롭게 돌아다니면서 새로운 영역을 개척한다. 이 과정에서 인간과의 관계가 간접화되면서 사람을 경계하는 개체가 되기도 한다. 그리고 그들이 거리에서 낳은 새끼는 전형적인 길고양이가 된다.

장독대 무리의 무단 진입

주말집을 개척한 꽃분이는 조용하고 사료도 편안히 먹을 수 있는 새 영역을 좋아하는 것 같았다. 그런데 장독대 무리 중 몇몇이 꽃분이의 영역을 넘보았다. 꽃분이에게 먹이를 주자 언제부터인가 다른 고양이들이 모여들었다. 서울로 출발할 때면 꽃분이가 굶을까 봐 사료통에 사료를 가득 부어주고 왔다. 주말집에 사람이 있는 날은 한 주에 이삼 일뿐이니 그래야 될 것 같았다. 그런데 사료를 많이 남기면서 예기치 않게 다른 고양이들이 주말집에 접근했다.

처음엔 아이라인이 접근했다. 그다음으로 민들레가 주말집에 들어왔다. 그 후 된장과 쌈장이 들렀다. 할머니네 집에는 발바리도 한 마리 있었는데, 이 녀석도 함께 왔다. 좀 어리숙해 보여서 '땡칠이'라 불렀는데 할머니의 말로는 굉장히 똑똑하다고 한다. 주말집에 들르면 처음엔 꽃분이만 있다가 조금 지나면 어떻게 알았는지 다른 고양이들과 땡칠이가 찾아왔다. 뛰어난 청각과 후각으로 내가 왔다는 것을 알아챈 것으로 보였다. 고양이 사회에도 소문이 있는 것일까? 어디든 먹을 것을 놓아두면 주변의 고양이들이 수소문한 것처럼 몰려온다.

꽃분이의 행동도 변했다. 처음에는 주말집에 들르면 항상 그곳에 있다가 나를 반겼다. 그런데 언제부터인가 주말집에 도착해서 꽃분이를 찾아도 보이지 않았다. 다만 주말집 마당을 가꾸고 있으면 어디선가 꽃분이가 왔다. 그리고 꽃분이에게 사료를 주면 어떻게 알았는지 얼마 후 장독대 무리와 땡칠이가 몰려왔다. 특히 민들레는 꼬박꼬박 왔다. 꽃분이가 암컷이라 많은 수컷이 몰려들자 번식이 우려되었다.

꽃분이는 주말집을 자신의 핵심 영역에서 부차적인 영역으로 바꾼 것 같았다. 이유는 두 가지로 보였다. 하나는 사람이 있는 시간이 짧기 때문에 먹을 것이 풍족하지 않다는 점이다. 아무래도 이삼 일만 주는 사료로는 부족하다. 다른 이유는 장독대 무리가 드나들면서 주말집이 더 이상 자신만의 안락한 영역이 아니게 된 점이다. 다른 고양이들이 오면서 사람이 있을 때도 꽃분이는 풍족하게 먹을 수 없었다. 아이라인이나 민들레가 다가오면 꽃분이가 펀치를 날리는 것을 보면 꽃분이가 서열은 우위인 것 같았다. 그런데 민들레나 아이라인은 꽃분이가 사료를 먹을 때면 사료 그릇에 거리낌 없이 머리를 들이밀었다. 그러면 꽃분이는 물러나서 그들이 다 먹기를 기다렸다. 민들레나 아이라인은 그저 펀치를 맞아줄 뿐이지 꽃분이

민들레에게 먹이를 빼앗겨 시무룩해 있는 꽃분이

를 별로 두려워하지 않았다.

주말집이 부차 영역이 되었는데도 꽃분이는 내가 있는 동안은 주말집을 떠나지 않고 같이 있었다. 반면 다른 고양이들은 꽃분이 사료를 빼앗아 먹고 나면 어디론가 가버렸다. 이상한 것은 나하고 있을 때는 그렇게 살갑게 애정 표현을 하는 꽃분이가 장독대 무리가 나타나면 내게 다가오지 않았다. 장독대 무리가 오면 꽃분이는 왠지 시무룩해졌다. 마음이 불편해서 내게 애정 표현을 할 기분이 안 나는 것 같았다.

고양이는 혼자가 좋아

기본적으로 고양이는 무리생활보다 혼자 사는 것을 좋아한다. 사람도 집에 다른 사람이 와 있으면 불편해한다. 고양이는 더 그렇다. 고양이에게 절실한 욕구 중 하나는 자기 영역의 온전한 주인이 되는 것이다. 무리생활을 하는 경우도 많지만 단독생활자인 야생고양이와 유전자가 같은 그들은 다른 고양이의 침범을 받지 않고 자기 영역을 완전히 지배하고 싶어 한다. 주말집은 고양이 한 마리가 마음 편안히 지내기에 좋은 공간이다. 꽃분이는 주말집에서 온전히 휴식했다. 그런데 다른 고양이가 들어오면서 그런 여유가 없어진 것이다.

이상한 점은 이런 불편함을 동종인 고양이에게는 느끼면서 사람에게는 그렇지 않다는 것이다. 꽃분이는 동종에게 하지 않는 애정 표현을 내게 했다. 동종보다 이종과 같이 있을 때 더 편안해하는 것이 고양이에게만 있는 현상은 아니다. 인간도 배우자나 친한 친구와 있을 때보다 반려견과 있을 때 더 심리적 안정을 얻는다는 연구 결과가 있다.[01]

꽃분이는 사람만이 아니라 개와도 잘 지냈다. 땡칠이가 주말집에 들어오면 꽃분이는 내게 하듯 살갑게 애정을 표현하진 않지만 편안하게 같이 있었다. 고양이와 개는 일반적인 인식과 달리 잘 지낼 수 있다. 다른 고양이를 용납하지 않는 고양이도 개와는 잘 지내는 경우가 꽤 있다.[02] 특히 어려서부터 같이 키우면 더 잘 지낸다.

번식 가능성이 생기면서 꽃분이의 중성화를 고민했다. 주말집에 새끼를 낳기 전에 빨리 중성화 수술이 필요했다. 일단 소유주가 이웃집 할머니

서로 무난하게 어울리는 땡칠이와 꽃분이

다. 할머니의 허락을 얻어 입양해서 중성화 수술을 하는 것도 생각해보았지만, 자유롭게 다니며 살던 꽃분이에게 도시 건물의 실내에 사는 것은 불행한 일이라 생각되었다. 주말집에 그대로 살게 하면서 입양하는 것도 마땅치 않았다. 월세 계약 기간이 끝난 후 주말집을 재계약할 가능성이 낮았기 때문이다. 남은 방법은 주인에게 중성화 수술의 필요성을 말하고 동의를 얻어 가까운 동물병원에서 수술을 받게 하는 것이었다.

꽃분이의 과거사

중성화 수술 허락을 얻기 위해 할머니가 사시는 집에 들렀다. 할머니께 꽃분이 사진을 보여드리며 이 고양이가 할머니네 고양이가 맞느냐고 물었다. 할머니는 꽃분이가 당신의 고양이가 맞으며 그 집 주변에 사는 고양이 중 가장 나이가 많다고 하셨다. 너무 살갑게 굴어 어린 고양이로 봤는데 의외였다. 요즘 우리 집에 와 있다고 했더니 "한동안 안 보이더니 거기 가 있었군" 하시면서 꽃분이의 과거사를 들려주셨다.

할머니 집 주변의 고양이들은 모두 꽃분이에게서 시작되었다. 처음엔 꽃분이 한 마리만 키웠다. 그런데 꽃분이가 새끼를 낳고 그 새끼가 새끼를 낳는 식으로 번졌다. 꽃분이의 고손자까지 있다고 한다. 꽃분이가 낳은 새끼들이 자유롭게 번식을 하면서 고양이가 늘어났다. 고양이 수를 줄이기 위해 꽃분이와 다른 암컷 한 마리를 중성화시켰지만 이미 개체 수가 많이 늘어나 번식 통제가 안 되었다.

고양이들은 번식기가 되면 집 한구석에 새끼를 낳기도 하지만 집을 나가 다시는 돌아오지 않기도 했다. 어떤 고양이는 밖에서 번식해서 새끼들을 데리고 돌아왔다. 할머니는 이제 고양이가 몇 마리인지 모른다고 했다. 할머니와 이야기를 나눌 때도 마당 한구석에서 간장이 새끼를 낳아 키우고 있었다. 간장도 그 새끼도 사람을 피했다. 거의 길고양이가 된 것이다. 꽃분이를 처음 키웠을 때 중성화 수술을 했으면 좋았을 텐데 하는 아쉬움이 들었다.

할머니와 대화를 나누고 돌아오면서 마음이 가벼워졌다. 꽃분이가 주말집에 새끼를 낳을 걱정은 사라졌다. 중성화 수술도 필요 없었다. 꽃분이와 어떻게 헤어져야 하는지에 대한 걱정도 많이 사라졌다. 할머니가 꽃분이를 당신의 고양이라고 분명히 생각하고 있는 것에 안심되었다. 주말집의 다음 거주자가 꽃분이가 자신의 집에 있는 것을 받아들이면 지금처럼 할머니네와 주말집을 오가며 살 것 같았다. 만일 다음 계약자가 꽃분이를 거부한다면 다시 할머니집으로 돌아가면 된다고 생각했다.

"개는 사람을 따르고 고양이는 집을 따른다"는 말이 있다. 조상이 원래 무리생활을 했던 개는 같이 사는 사람에게 무리의 개념을 적용해 무리와 함께라면 어디든 옮겨 다닌다. 반면 고양이는 원종이 단독생활을 하고 영역을 중시하므로 같이 살던 사람이 이사해도 살던 곳에 머물고 싶어 한다. 꽃분이도 자신의 영역에 계속 머물고 싶을 것이다.

그냥 이렇게 꽃분이와 잘 지내다 월세 계약 기간이 끝나면 자연스레 헤어지게 되겠구나 생각했다. 그런데 장독대 무리가 몰려들면서 언제부터인가 꽃분이가 아예 보이지 않았다. 부차적인 영역으로도 포기한 것일까? 다른 고양이가 버글대면서 주말집은 꽃분이에게 불편한 장소가 되었을 것이다. 겨울작물로 밀과 양파를 파종한 것으로 그해 농사를 마쳤다. 당분간 내려가지 않을 텐데 마지막으로 본 모습이 꽃분이 대신 장독대 무리여서 무척 아쉬웠다. 꽃분이만 먹이를 몰래 주고 먹이 통제를 했어야 했는데…….

농촌 사람들이 고양이를 대하는 방식

농촌 사람들은 고양이에게 비교적 무심했다. 집에 있든 나가든 개의치 않았다. 때때로 먹이를 마당에 놓아두는 것이 전부였다. 사람과 고양이가 서로에게 무심한 모습은 평화롭게 보이기도 했다. 농촌의 고양이들은 먹이를 주는 집이 있으면 그 주변을 자유롭게 돌아다니며 산다. 고양이에게 이상적인 상황이며 고양이가 가축화된 초기에는 이런 모습으로 살았을 것이다.

주말집이 있는 마을에도 고양이를 마음에 들어 하지 않는 사람이 있었다. 할아버지 한 분은 고양이가 콩밭을 뒤적여 놓았다고 말씀하셨다. 그러나 멧돼지와 고라니가 있어서인지 마을 사람들은 고양이로 인한 피해는 크게 신경 쓰지 않는 것 같았다.

중성화 수술에 대한 인식은 낮아 보였다. 집고양이와 길고양이의 구분이 모호해서인지 TNR로 길고양이 수를 관리해야 한다는 인식은 없었다. 그렇다고 시골 고양이들은 폭증하지 않는다. 고양이의 서식 조건 내에서 생존 가능한 숫자만 남는 것이다. 이런 모습은 귀농한 친구의 집에서도 보았다. 친구의 집에는 고양이 한 무리가 살고 있었다. 그들도 구속받지 않고 무리생활을 했지만 친구가 주는 사료의 한도 안에서 무리의 수가 유지되었다. 다만 무리를 이루는 구성원은 바뀌었다. 고양이의 개체 수를 가장 확실히 통제하는 것은 서식 조건이 분명하다.

외출냥이와 실내고양이

농촌의 고양이는 대부분 외출냥이로 산다. 사람의 집에 살지만 사람과의 관계가 옅은 농촌 고양이들은 집고양이와 길고양이 중간의 애매한 성격이다. 농촌 고양이는 도시 고양이보다 좀 더 사냥 본능이 강했다. 비둘기가 사료를 기웃거려도 가만히 있는 길고양이 이쁜이보다 집고양이 꽃분이의 사냥 본능이 강했다. 그해 여름엔 한동안 2주에 한 번밖에 주말집에 가지 못했다. 나만 아니라 아내의 지인도 내려가지 못해 2주간 꼼짝없이 사료가 끊겼다. 갈 때마다 꽃분이가 잘 있을지 걱정되었다. 그런데 이런 걱정이 무색하게 꽃분이는 잘 있었다. 여전히 통통했고 나를 반기는 것도 똑같았다. 2주간 사료가 끊겨도 꽃분이는 충분히 살 수 있었다.

꽃분이는 어떻게 견뎠을까. 우선 원래 살았던 할머니집에 들러 사료를 먹었을 수 있다. 그곳 말고도 사료를 먹을 수 있는 또 다른 장소가 있을 수도 있다. 그러나 사냥도 생존에 도움이 되었을 것이다. 주말집 마당에서 꽃분이가 메뚜기를 잡아서 먹는 것을 몇 번 보았다. 곤충은 쉽게 많이 잡을 수 있는 좋은 먹잇감이다. 죽이지는 못했지만 마당에 들어온 유혈목이를

꽃분이에게 얻어맞고 도망갈 길을 찾는 유혈목이

공격하는 것도 보았다. 개구리를 공격하는 모습은 보지 못했지만 굶주린다면 언제든 사냥 대상이 될 수 있었다. 그런데 자신이 잡은 것으로 보이는 새끼 쥐는 먹지 않았다. 직접 사냥한 것인지는 모르겠으나 죽은 박쥐의 사체에도 관심을 보이지 않았다. 사료를 충분히 먹을 수 있다면 헤어볼이 생기고 뼈도 많아 먹기 번거로운 동물 사체를 굳이 먹지 않는 것 같았다. 그러나 많이 굶주린다면 털과 뼈가 있더라도 포유류나 조류를 먹을 것이다.

원래 고양이는 농촌 외출냥이처럼 자유롭게 돌아다니며 살았다. 그런데 요즘은 고양이를 반드시 실내에서 키워야 한다는 주장도 많다. 반면 고양이가 본성에 따라 자유롭게 살게 풀어놓고 키워야 한다는 주장도 있다. 계속 집 안에 갇혀 있으면 고양이의 정신과 몸 건강에 문제가 생길 수 있다는 것이다. 또 쥐를 막기 위한 목적이라면 고양이를 풀어 키울 수밖에 없다. 실내에서 고양이와 함께 살면 배설물과 털 문제도 있다. 또 공간적으로 비좁게 느낄 수 있다. 만일 마음껏 다닐 수 있는 마당이 있는 집이라면 고양이를 풀어서 키우고 싶을 것이다.

고양이는 여느 가축과 달리 생존을 위해 인간에 의존할 필요가 없다. 그래서 고양이는 인간에 의지하지 않고 스스로 살 수 있음에도 강제로 잡혀 가축이 되었다는 역설적인 주장도 있다. 생물학자인 줄리엣 클러튼브록(Juliet Clutton-Brock)은 이런 점에서 고양이를 정말로 길들여진 동물이 아닌, '착취당하는 포로(exploit captive)'라고 규정했다.[03] 이런 입장에서는 고양이를 풀어서 키우는 것이 그들의 본성을 존중하는 것이다.

반면 고양이를 집 안에서만 키워야 한다는 사람은 고양이를 풀어놓으면 교통사고를 비롯한 각종 위험에 노출되며, 다른 고양이와 싸울 수 있고 질병에 걸릴 수도 있다고 주장한다. 또 고양이를 풀어놓는 것이 길고양이를 만드는 원인이 될 수 있으며, 새를 비롯해 다른 야생동물을 사냥해서 생태계를 교란시킬 수 있다고 말한다.

두 의견 모두 타당한 면이 있다. 외출냥이로 키우는 것이 옳은지 그른지를 결론 내리긴 어렵다. 이 문제는 명확한 결론에 따라 한 방향으로 정리되지 않을 것이다. 앞으로도 변함없이 실내고양이와 외출냥이가 모두 있을 것이다. 특히 농어촌에서는 앞으로도 집고양이 대부분이 외출냥이로 살 가능성이 크다. 다만 길고양이가 늘어나는 것을 막으려면 고양이를 실내에서 키우는 것이 맞다. 특히 길고양이 밀도가 높고 고양이로 인한 갈등이 잦은 도시에서는 고양이를 실내에서 키워야 한다. 교통사고의 위험이 높다는 점에서도 도시에서는 고양이를 실내에서 키워야 한다. 실내에만 있어도 잘 지내는 고양이도 많다. 특히 태어날 때부터 실내에서만 키우면 별다른 문제 없이 잘 지낸다.

실내에서 고양이를 키우기 시작한 것은 얼마 되지 않았다. 실내는 고양이에게 본성적으로 낯설고 불편한 공간이라 잘 키우려면 신경 쓸 부분이 많다. 실내에 사는 고양이가 가장 싫어하는 것은 단연 다른 고양이다. 그런데 대부분은 두 마리 이상을 키운다. 어떤 고양이는 고양이만이 아니라 인간도 기피한다. 자기 영역을 단독으로 소유하고 싶은 고양이에게 가까운 거리에서 인간과 복닥대는 것은 달갑지 않은 조건이다. 실내에는 냉장고와 텔레비전 등에서 각종 소리가 나는데 소리에 민감한 고양이가 불안함을 느낄 수 있다.

그래서인지 실내에 사는 고양이는 소변을 볼 때 피가 섞여 나오거나 고통스러워하는 원인불명의 방광염을 많이 앓는다. 이런 방광염은 위장, 피부, 신경 등 다양한 문제와 연결되어 '판도라 증후군'이란 이름이 붙어 있다. 방광염 하나가 아니라 여러 질병을 함께 가지고 있을 가능성이 크기 때문이다. 이 증후군을 연구하기 위해 오하이오 주립대 수의사 토니 버핑턴은 원인불명의 방광염에 걸린 고양이를 모아 스파르타식 생활 시설에 수용했다. 고양이들을 폭 1미터의 우리에 가두고 같은 사람이 매일 같은 시간에 간단한 식사만 제공하고 장난감으로 가득한 공동 복도에 정기적으로 나올 수 있게만 했다. 그런데 버핑턴이 이 질병을 어떻게 연구할까 고민하는 동안 놀라운 일이 벌어졌다. 고양이들의 병이 모두 나은 것이다.

전에 살던 실내 생활보다 스파르타식 생활 시설이 더 고양이에게 좋은 환경이었던 것이다. 폭 1미터에 지나지 않는 공간이지만 그곳에서 고양이는 온전히 공간의 주인이었다. 그리고 모든 상황이 예측 가능했다. 아무리 좋은 먹이와 깨끗한 환경이라도 실내는 사람과 그 밖의 다른 경쟁 동물, 소음과 원치 않는 시선 등으로 너무나 어수선한 곳이다. 고양이는 공간에 대한 통제권을 상실하게 된다. 그리고 신체에 대한 통제권도 잃게 된다. 아이러니하게 이 질병에 걸린 고양이들은 주인에게 많은 사랑을 받고 있었다. 주인이 쓰다듬고 껴안는 행위가 고양이에게 스트레스를 준 것이다.

실내에서 고양이를 키운다면 무엇보다도 한 마리만 키울 것을 권한다. 친구를 만들어준다고 다른 고양이를 들이는 것은 좋지 않다. 개와 같은 다른 동물을 키우는 것도 좋지 않다. 그리고 고양이가 온전히 공간의 주인공이 되도록 고양이만의 방을 마련해주어야 한다. 지나친 신체 접촉도 삼가는 것이 좋다. 고양이는 지나칠 정도의 자극을 싫어한다. 조명은 어둡게 해야 하며 목소리도 낮추고 청소기 소리 같은 큰 소음은 최대한 없도록 해야 한다. 세탁 세제 같은 냄새도 줄이는 것이 좋다. 실내에 살지만 되도록 실외에서 사는 것처럼 느끼게 캣 타워, 쉴 수 있는 여러 장소, 놀이 행동 공간 등을 마련하는 것이 좋다. 또 고양이는 여러 곳에 배변을 하므로 배변 장소는 여러 곳에 두는 것이 좋다.[04]

이처럼 실내에서 고양이를 키우는 일은 쉽지 않다. 고양이 입장에서도 실내보다 실외가 행복한 공간이다. 고양이에게 선택권이 있다면 분명 실내에 사는 것보다 실외에서 자유롭게 돌아다니며 사는 것을 선택할 것이다.

중성화 수술

집고양이를 외출냥이로 키운다면 반드시 중성화 수술을 해야 한다. 거문도의 사례가 이를 증명한다. 거문도는 양식어장이 발달해 물고기 사료를 보관하는 창고와 대형 그물이 많다. 쥐들이 물고기 사료를 훔쳐 먹고 그물을 쏠아 못 쓰게 만들자 고양이를 들여와 키우기 시작했다. 그런데 그 중 상당수가 야생화되었다. 길고양이가 생선을 훔쳐 먹고 야생조류에 피해를 주자 거문도 고양이를 살처분해야 한다는 의견이 팽배해졌다. 결국 2000~2003년에 걸쳐 고양이가 대규모로 포획·살처분되었다.

그렇지만 길고양이는 줄어들지 않았다. 길고양이를 거의 살처분했지만 집고양이가 낳은 새끼들이 다시 야생화되었기 때문이다. 외출냥이를 중성화하지 않으면 번식 통제가 전혀 되지 않아 계속 길고양이 개체 수가 늘어난다. 대규모 살처분에도 길고양이 문제가 해결되지 않자 동물보호단체와 애묘인이 중심이 되어 거문도 고양이 살리기 운동본부가 구성되었고 살처분 대신 TNR을 추진했다. 어느 지역이든 외출냥이들은 거문도에서처럼 길고양이가 될 수 있다.

번식의 통제를 위한 중성화 수술은 외출냥이만이 아니라 당연히 실내고양이에게도 필요하다. 만일 감당할 수 없을 만큼 새끼를 낳는다면 주인도 힘들고 유기의 가능성도 커진다. 중성화 수술의 시점도 중요하다. 일단 고양이를 집에 들이면 번식이 이루어지기 전에 중성화해야 한다. 앞에서 살펴본 할머니집 경우 꽃분이 한 마리에서 시작해서 많은 수의 고양이로 늘어났다. 집고양이는 영양 상태가 좋기 때문이다. 과거에는 중성화 수술을 하지 않아도 고양이를 키울 수 있었다. 예전에 집고양이가 먹는 것은 사람이 남긴 음식이 전부였다. 그래서 영양 부족으로 새끼를 자주 낳을 수 없었다. 그런데 요즘은 사료를 풍족하게 먹을 수 있어 얼마든지 새끼를 낳아 순식간에 많은 수로 불어날 수 있다.

중성화 수술은 번식 통제 외에도 다양한 장점이 있다. 번식기에 짝짓기를 하지 못해 괴로워하거나 집을 나가는 것을 막을 수 있다. 오줌 스프레이 행동도 줄고 시끄러운 발정음 문제도 해결된다. 고양이가 첫 발정을 하기 전에 중성화 수술을 하면 유방암에 걸릴 확률이 거의 없어진다. 수컷의 전립선암 가능성도 거의 사라진다. 암컷의 자궁질환과 난소질환도 줄어든다.[05]

중성화 수술은 생후 6개월 이상 되었을 때 해야 고양이의 체력이 받쳐줄 수 있다. 수컷은 생후 6~8개월 정도가 좋으며 암컷은 6개월 후 첫 발정이 오기 전이 좋다. 만일 그 후에 하더라도 발정기가 아닐 때 하는 것이 좋다. 자궁이 부어 있으면 수술 부담이 커지기 때문이다.

어촌 고양이

고양이섬 욕지도를 가다

경남 통영시에 속해 있는 욕지도는 우리나라에서 고양이섬으로 유명하다. 그래서 당연히 그곳의 길고양이는 어떻게 행동할까, 주민과 길고양이의 관계는 어떨까 궁금했다.

욕지도로 출발하기 전에 떠올린 것은 일본의 고양이섬 중 하나인 아이노시마다. 아이노시마에서는 길고양이를 좋아하고 그들의 삶을 존중하되 간섭하지 않는다고 한다. 그곳 사람들은 길고양이에 사료를 따로 주지 않는다. 그리고 관광객이 먹이를 주는 것도 금하고 있다. 외지인이 먹이를 주면서 섬 크기에 비해 너무 많은 길고양이가 살게 되었다. 그러자 질병이 늘었고 고양이를 싫어하는 사람도 생겼으며, 섬에 사는 새들에게도 위협이 되는 문제가 생겼다. 그래서 인위적인 급식 없이 예전처럼 길고양이가 주민들이 생선을 해체하고 남긴 부산물을 먹으면서 자연스럽게 살게 하는 것을 추구하게 되었다.

아이노시마 고양이들은 생선 찌꺼기를 먹고 부족한 것은 작은 동물을 사냥해서 먹는다. 이런 균형 잡힌 먹이 활동 덕분에 따로 사료를 주지 않는데도 이 섬의 고양이는 적당한 영양 상태를 유지하고 있다. 영양 상태도 적당하고 사람들이 길고양이를 관용적으로 대하는 덕인지 이 섬의 길고양이는 60퍼센트 이상이 5년 넘게 산다. 우리나라 길고양이의 짧은 수명에 비해 훨씬 긴 기간을 살고 있다. 또 이 섬의 고양이는 도시고양이와 달리 살이 찌지 않고 여러 번 번식하지도 않는다.[06] 욕지도가 우리나라의 고양이섬이라 하니 이와 비슷한 모습이지 않을까 싶었다.

욕지항 고양이

여객선에서 내렸을 때 욕지항에서 처음 만난 것은 고양이가 아니라 개였다. 욕지항 해변도로 주변을 개들이 돌아다녔다. 개들을 풀어 키우고 있었다. 개들은 해변도로를 따라 있는 음식점과 포장마차 주변을 돌아다니면서 혹시 먹을 것을 얻을 수 없나 기웃거렸다. 동남아에서는 개들을 욕지도처럼 풀어 키운다. 우리나라에서도 예전에는 개를 풀어 키웠다. 지금은 개물림 사고에 대한 우려 때문에 개를 풀어 키우는 것이 용납되지 않는다. 그러나 사실 풀어 키우는 개는 묶어 키우는 개에 비해 공격성이 훨씬 낮아 사람을 잘 물지 않는다. 욕지항의 개들은 사람을 경계하지 않고 무심하게

욕지도에서 만난 자유롭게 돌아다니는 개들이 먹을 것을 기대하며
푸드트럭에서 음식을 먹는 사람을 쳐다보고 있다.

다녔다. 그리고 주민만이 아니라 관광객도 그런 개들을 태연하게 보았다. 도시에서 볼 수 없는 낯선 모습이었다.

섬사람들의 너그러운 심성이 돌아다니는 개를 용납했고 길고양이도 포용했던 것이다. 조금 시간이 흐르자 길고양이들이 보였다. 가까이 다가가니 욕지항의 고양이도 움찔하며 물러났다. 욕지도에서 여러 고양이를 만났지만 망고나 철봉이처럼 사람을 전혀 겁내지 않는 고양이는 보이지 않았다. 아무리 고양이에게 호의적인 지역이어도 어린 시절에 사람을 접해서 각인이 이루어지지 않으면 길고양이는 사람을 기피한다.

사람의 손길을 피하지만 욕지항 고양이들은 도시의 길고양이에 비해서는 훨씬 경계심이 느슨했다. 골목고양이들이 2~3미터 이상 떨어져야 사람이 앞에 있어도 도망가지 않는 것과 달리 욕지항 고양이는 손을 내밀면 닿을 수 있는 곳까지 다가왔다. 먹을 것을 들어 올리면 손끝에 있는 사료 알

탁자 밑에 숨어 있다가 알갱이 간식을 먹는 길고양이. 욕지항의 고양이도 사람을 경계했다.

갱이에 다가와 주둥이를 내밀어 먹는 고양이도 꽤 있었다. 아니면 펀치를 날려 사료 알갱이를 떨어뜨리려 했다. 물론 사람을 완전히 경계하는 고양이도 있었다.

저녁을 먹기 위해 한 식당에 들어갔다. 그 지역 동물에 대해 알려면 그 지역 사람에게 물으면 도움이 된다. 식당 주인에게 이것저것을 물었다. 길고양이가 참 많은데 집고양이처럼 사람을 따르는 고양이는 없냐 하니 그런 고양이는 별로 없다고 했다. 무엇을 먹고 사냐고 물으니 식당에서 내놓은 음식물이나 생선 해체할 때 나온 부산물을 먹는다고 했다. 사료 주는 사람은 없냐 하니 그런 사람도 있다고 했다. 고양이를 싫어하는 사람은 없냐 하니 그런 사람도 있다고 했다. 다만 고양이를 싫어할지라도 해코지하는 사람은 없다고 했다. 마지막을 제외하면 도시와 그리 다르지 않았다.

그런데 다른 점이 하나 더 있었다. 이 섬의 길고양이 중에는 중성화 수술을 받은 개체가 없었다. 섬에 동물병원이 없어서 불가능했다. 그래서인지 욕지항 주차장에서 길고양이가 서로 기세를 겨루며 찢어지게 울어대고 있었다. 11월이라 낮의 길이가 짧아지고 있는데 벌써 번식기를 맞은 것일까? 워낙 먹을 것이 많다 보니 수시로 번식하는 것일까? 또한 특이하게도 욕지도에는 검은 고양이가 많았다. 이유는 알 수 없으나 도시에 비해 검은 고양이의 비율이 매우 높았다. 그것도 도시에서 만나기 상당히 어려운 올블랙의 비율이 높았다.

목과마을 고양이

목과마을은 욕지도에서도 고양이가 살기 좋은 동네로 알려져 있다. 목과마을로 가는 길을 욕지항에 있는 푸드트럭 주인에게 물었다. 길을 안내받으면서 이 섬의 고양이 이야기를 더 들을 수 있었다. 목과마을 고양이는 방파제 주변에 많다고 했다. 낚시꾼들이 던져주는 작은 생선을 받아먹으며 산다고 했다. 그리고 육지 사람들이 섬에 와서 고양이를 버리고 가는 경우가 많다고 했다. 그래서 러시안블루 같은 품종묘도 보인다고 했다. 길고양이가 욕지항이나 목과마을 같은 해안가에만 사느냐고 물으니 섬 안쪽의 농지나 야산에도 산다고 했다. 그리고 해안에서 조금 들어간 주택가에도 꽤 산다고 했다. 고양이는 어디든 살 곳을 만들고 퍼져 나가는 동물이다.

실제로 목과마을로 향하는 고갯길 주변의 농지에서 고양이 두 마리를

물떼새를 향해 살금살금 기어가는 길고양이

만났다. 해안에서 날아온 물떼새에게 한 놈이 살금살금 기어갔지만 물떼새가 먼저 알고 날아갔다. 욕지도에서는 감귤 농사를 많이 짓고 있었다. 한 감귤 농가에서 할머니께 농지 주변에 길고양이가 많으냐고 물으니 아주 많다고 했다. 무엇을 먹느냐고 물었더니 음식 찌꺼기도 먹고 밭에 들쥐가 많아 그것을 잡아먹는다고 했다. 들쥐는 도시의 시궁쥐와 달리 크기가 작아 고양이가 매우 좋아하는 먹이다. 원래 고양이의 사냥 능력은 들쥐에 최적화되어 있다.

목과마을 초입에 들어서니 무덤 위에서 일광욕하는 고양이들이 보였다. 어느 곳에 살든 길고양이는 해바라기다. 마을 방파제 초입에 있는 컨테이너 아래에 검은 고양이 어미와 새끼들이 모여 있었다. 새끼는 다섯 마리나 되었다. 그중에는 코라트(Korat) 또는 러시안블루(Russian Blue)의 피를 받은 것으로 보이는 회색 새끼도 있었다. 컨테이너 옆에는 밥에 달걀과 생선 찌꺼기를 섞은 옛날 방식의 고양이밥이 있었다. 누군가 길고양이에게 밥을 주고 있었다.

컨테이너 근처에 한 노인이 있었다. 어르신이 밥을 주냐고 물으니 아니라고 했다. 마을의 다른 사람이 주고 있다고 했다. 마을 사람들이 고양이를 좋아하냐고 물으니 좋아하는 사람도 있고 아닌 사람도 있다 했다. 어르신은 생선을 말릴 때 몰래 와 훔쳐 먹어서 고양이가 싫다고 했다. 그래도 산 생명이 먹겠다고 하는 일이니 그러려니 한다고 했다. 고양이가 많냐고 물었더니 전에는 방파제 돌 틈마다 고양이가 많았는데 그해 기록적인 장마와 태풍 때문에 쓸려 내려갔는지 요즘은 많이 줄었다고 했다.

방파제로 가는데 해변에서 고양이와 까마귀가 생선 찌꺼기를 두고 대치하고 있었다. 아무래도 덩치가 좀 더 큰 고양이에게 우선권이 있었다. 욕지도에서는 고양이, 까마귀, 갈매기가 생선 찌꺼기를 두고 경쟁한다. 욕지항 포장마차에서 회를 뜨고 남은 생선 찌꺼기를 바다에 던지는 것을 보았는데 삽시간에 갈매기가 몰려와 바다로 몸을 던지며 먹었다.

방파제로 들어가는 입구에서 코라트 또는 러시안블루 혈통으로 보이는

생선 찌꺼기를 놓고 대치하고 있는 길고양이와 까마귀

코라트 또는 러시안블루 혈통의 길고양이.
육지 사람이 버린 품종묘이거나 그 후손으로 보인다.

낚시꾼 옆에서 생선을 기다리는 길고양이

고양이를 만났다. 버려진 품종묘이거나 그 후손일 것이다. 컨테이너 밑에서 보았던 회색 새끼 고양이와 혈연관계일 수도 있겠다는 생각이 들었다. 방파제 옆의 돌 틈을 따라 이동하는 고양이가 보였다. 그리고 낚시꾼 옆에서 생선을 기다리는 고양이도 보았다. 모두 사람에게 익숙하고 근처까지 접근할 수 있었지만 만지는 것은 허용하지 않았다. 보통의 길고양이와 망고처럼 사람을 따르는 길고양이의 중간 정도의 친화성이었다.

욕지도 사람들

방파제 주변의 고양이들을 살펴보다가 한 남자가 돌아다니며 사료를 주는 모습이 눈에 띄었다. 그는 방파제 주변에 있는 고양이들에게 사료를 주고는 고양이들이 먹는 모습을 핸드폰 카메라로 찍었다. 키우는 고양이냐

사료를 먹고 있는 컨테이너 고양이들

고 말을 걸어보았는데 아니라고 짧게 말하고는 재빨리 마을 안으로 들어가 계속 사료를 주었다. 별로 나와 길게 말하고 싶지 않은 것 같았다. 욕지도에도 이렇게 고양이 밥을 주는 캣대디가 있었다.

생선 해체물이 풍부하게 있는데도 사료를 주는 사람을 보면서 캣맘이 늘어난 데는 고양이 사료를 판매하게 된 것도 한 역할을 했다는 생각이 들었다. 시판 사료가 없던 시절에는 음식물을 주어야 했는데 부피가 크고 물기도 많아 이것을 들고 다니며 여러 곳에 주는 것은 매우 성가신 일이었다. 그리고 음식물은 냄새가 나고 쉽게 부패했다. 그래서 고양이밥을 주더라도 자신의 집 주변에만 그쳤을 것이지만 휴대가 편리한 사료가 나오면서 여러 장소에 먹이를 주는 게 가능해졌다.

욕지도를 찾았을 때 기대했던 것은 인위적 개입이 없이 사람과 길고양이가 공존하는 모습이었다. 그런데 사료를 주는 사람도 있었고, 어느 건물 옆에는 스티로폼으로 만든 고양이집도 있었다. 고양이섬 욕지도도 다른 지역과 다르지 않았다.

다른 점이 있다면, 길고양이를 좋아하는 사람과 마음에 안 들어 하는 사람이 있지만 그 존재를 받아들이고 있다는 것이다. 길고양이에 대한 혐오는 없었으며 캣맘에 대한 혐오도 없었다. 그냥 받아들이고 같이 흘러가는 것처럼 보였다. 길고양이들도 사람에게 적당한 경계심을 가지고 있었다. 그리고 까마귀, 갈매기와 경쟁하며 섬 생태계의 일부로 살고 있었다.

서울고양이와 시골고양이

서울쥐와 시골쥐 중 어느 쥐가 행복한지는 다들 알 것이다. 길고양이도 서울고양이보다는 시골고양이가 행복해 보였다. 물론 망고처럼 자유와 먹이와 의료 치료까지 보장되는 몇몇 서울고양이는 예외다. 서울고양이와 시골고양이는 그들을 대하는 사람, 먹이, 서식 공간 등에서 차이가 난다.

서울고양이에게는 그들을 좋아하는 캣맘과 싫어하는 혐오자가 공존한다. 누군가 길고양이 밥이라도 줄라치면 갈등이 생기기 일쑤다. 시골고양이에게는 그들을 유달리 좋아하는 사람도 특별히 싫어하는 사람도 없다. 도시는 시골보다 사람들의 신경이 민감한 곳이다. 무언가를 무심히 넘기지 못하고 좋아하거나 싫어한다. 반면 마음에 들지는 않지만 산 생명이니 그냥 받아들인다는 욕지도 어민의 말은 얼마나 무던한가. 시골에서는 사람들이 길고양이를 아끼지 않지만 같이 흘러간다.

서울고양이와 시골고양이는 먹이도 다르다. 음식물 쓰레기 수거 체계가 잘 정비된 도시일수록 길고양이는 다른 먹이를 찾지 못하고 캣맘이 주는 사료에 의존하게 된다. 질 좋은 음식을 별다른 노력 없이 먹을 수 있지만 서울고양이의 삶은 캣맘에게 의존적이다. 반면 시골고양이는 사람들이 내버린 음식물에 더 쉽게 접근할 수 있고 부족한 영양을 채우기 위해 사냥할 작은 동물들이 주변에 많다. 시골고양이는 먹이를 찾기 위해 애써야 하지만 사람에 의존하지 않고 독립적으로 살 수 있다.

사는 공간도 다르다. 도시는 길고양이를 싫어하는 사람들이 지적하는 문제가 강하게 부각되는 공간이다. 공간이 비좁은 도시에서는 길고양이의 발정음이나 싸우는 소리가 또렷하게 주민의 귀에 꽂힌다. 반면 시골에서는 그런 소리가 넓은 공간 속으로 사라진다. 덕분에 시골사람은 길고양이를 덜 미워하며 시골고양이는 인간을 두려워하지 않고 시골의 넉넉한 공간을 자유롭게 돌아다닌다.

길고양이에게 선택권이 있다면 어떤 곳에서 살까? 미워하는 사람과 좋아하는 사람이 모두 있고, 큰 노력 없이 먹고 살지만 사람에게 의존하며 비좁은 공간에 사는 서울고양이의 삶을 선택할까? 아니면 사람들이 자신에게 별로 신경 쓰지 않고 힘들게 먹이를 구하지만, 독립적으로 살며 넓은 공간을 자유롭게 다니는 시골고양이의 삶을 선택할까? 아마도 후자를 선택하지 않을까 싶다. 왜냐하면 후자의 삶이 노고가 따르지만 훨씬 마음 편안하기 때문이다. 시골쥐가 그랬던 것처럼.

들고양이

들고양이는 들에 없다

길고양이는 도시, 농촌, 어촌 외에 숲에서도 산다. 이 책에서는 이렇게 숲에 사는 길고양이를 '들고양이'라 칭한다. 여기서 '들'은 초지에 한정된 표현이 아니라 숲처럼 인간의 주거지가 아닌 자연 공간을 말한다. 들고양이는 삵처럼 독자적으로 사냥하며 사는 이미지로 그려진다. 그래서 생태계 균형을 깨뜨릴 수 있다는 우려가 있다.

그렇다면 정말 우리나라 숲에는 들고양이가 많이 있을까? 그런 의문을 풀기 위해 북한산 우이령길을 겨우내 매주 들렀다. 우이령길은 북한산과 도봉산을 경계 짓는 5.8킬로미터의 완만한 숲길이다. 1968년 무장공비의 청와대 침투 사건으로 민간인 출입이 금지되어 41년간 사람의 영향을 받지 않고 보존되다가 2009년에 탐방 예약제로 개방되었다. 하루 방문 제한 인원은 800명이다. 오랫동안 입장이 제한되었고 지금도 사람의 영향을 최소화하고 있어 자연환경이 잘 보존된 곳이다. 2014년에는 멸종위기종 2급인 삵이 살고 있는 것이 무인 카메라에 확인되기도 했다.

자연이 잘 보전되어 있으므로 들고양이가 먹이로 할 만한 동물도 많을 테고, 그런 먹잇감을 기반으로 삵도 사는 것이다. 그런데 여러 차례 들렀지만 들고양이는 딱 한 마리 보았다. 사람이 사는 동네보다 고양이의 밀도가 훨씬 낮았다. 그리고 그 들고양이는 야산을 누비며 사는 것이 아니라 우이령길 중간쯤 있는 휴게 장소에서 사람들에게서 먹을 것을 얻어먹었다. 내가 간식을 들어 보이니 "야옹" 하며 가까이 왔다. 그렇지만 손이 닿는 곳까지는 오지 않았다.

녀석은 이런 생활에 익숙한 것 같았다. 되돌아오는 길에 다른 벤치에서 등산객 가까이 앉아 먹을 것을 기다리는 모습을 보았다. 등산객이 녀석의 애잔한 눈빛을 거부하지 못하고 빵을 던져주니 받아먹었다. 내가 "고양

등산객이 던져주는 빵을 기다리는 들고양이(우이령길에서)

이가 빵도 먹네요" 하며 아는 척을 하자 등산객은 "고양이는 아무것이나 잘 먹어요. 예전엔 밥 줘서 키웠잖아요"라고 했다.

비슷한 경험을 여러 번 겪었다. 같은 시기에 백운대로 산행을 했는데, 등반길에서는 들고양이를 한 마리도 못 만났다. 산행을 마치고 백운대탐방지원센터에 되돌아와서야 들고양이를 만났다. 녀석은 등산객 무리를 보며 먹이를 던져주길 기다리고 있었다.

들개 관찰을 위해 은평구 쪽 북한산을 빈번하게 다니던 시기에도 산 중턱 이상에서 들고양이를 만난 적이 한 번도 없었다. 들고양이를 만난 장소는 모두 산이 마을과 이어지는 기슭이었다. 아차산에서는 산 위 능선에서 길고양이 두 마리를 만났다. 꽤 높은 곳이지만 사람이 많이 지나가는 등산로 옆이었다. 사람을 별로 두려워하지 않고 등산로 옆에서 일광욕을 하고

등산객을 쳐다보며 먹이를 기다리는 들고양이(백운대탐방지원센터 근처)

있었다. 아마도 등산객이 주는 음식에 의존해서 살지 않을까 싶었다.

언젠가 북한산의 사찰 근처에서 들고양이를 만났다. 들개를 유인하기 위해 고등어 통조림을 뿌려놓고 기다린 적이 있는데, 한 시간쯤 후에 통조림 근처에 나타난 것은 들개가 아니라 들고양이였다. 고등어 무늬에 하얀 털빛이 깨끗한 고양이는 내가 있는 것을 알고 있으면서도 슬금슬금 통조림에 접근했다. 들개 유인용 통조림이었기에 수차례 쫓아냈는데도 도망갔다가는 다시 접근했다. 결국 쫓는 것을 멈추니 다가와서 통조림을 맛있게 먹었다. 그 정도의 끈기라면 충분히 통조림을 먹을 자격이 있었다.

숲에 사는 들고양이와 조금 다르지만 도심 녹지인 공원에서는 고양이를 쉽게 만날 수 있었다. 동물원이 있는 어린이대공원과 서울대공원에서 그들을 만났을 때는 기분이 묘했다. 우리에 갇힌 동물들 사이로 진정한 야

북한산의 한 사찰 근처에서 만난 들고양이는 상당히 말끔했다.

생동물로서 홀로 자유로이 돌아다녔다. 서울대공원에서 만난 어떤 녀석은 33이라는 숫자가 적힌 인식표 목걸이가 걸려 있었고 귀에 중성화 표시가 있었다.

서울대공원에서는 고양이를 동물원 구성원의 하나로 인정하고 관리하고 있다. 2016년 조류 인플루엔자로 동물원을 폐쇄한 기간에 고양이 51마리를 중성화 수술과 백신 접종 후 방사했다.[07] 인식표 목걸이는 그런 작업의 하나로 보였다. 고양이는 엄연히 동물원에 서식하는 동물로 인정받아 살고 있었다. 인식표가 있는 고양이는 북한산에서 본 들고양이처럼 사람 가까이에서 먹을 것을 기다렸다. 먹이를 보여주면 다가왔지만 만지려 하면

중성화 표시와 인식표 목걸이를 한 서울대공원 길고양이.
우리에 갇힌 동물들 사이에서 자유로운 야생동물로 살고 있었다.

물러났다. 같은 공원 안에서도 고양이마다 행동이 달랐다. 또 다른 고양이 둘은 나를 보자마자 달아났다.

올림픽공원을 산책하며 30여 분 만에 네 마리를 만난 적도 있었다. 어느 동네에나 길고양이가 사는 것처럼 공원마다 고양이가 살았다. 그리고 도시공원에도 캣맘이 놓아둔 사료가 있었다. 공원고양이는 영역이 녹지인 점 외에는 여느 도시 길고양이와 비슷하게 살았다.

서울숲에서 인상적인 고양이 급식소를 보았다. 그곳에서 세 마리의 고양이를 만났는데 모두 중성화 표시가 있었다. 그리고 사료 급식대에는 지정된 공원 캣맘이 급식소를 관리하며 적정량의 사료를 주었고, 혹 먹이를 주더라도 급식소 이외의 다른 장소에서 주지 말 것과 사람이 먹는 음식물은 고양이에게 해로우니 절대 주지 말라는 안내문이 붙어 있었다. 급식과 급식 장소를 제한하고 중성화 수술로 고양이 개체 수를 일정하게 유지하는 방식인데, 인간과 길고양이가 공존하는 좋은 방법이란 생각이 들었다. 집행력 있는 공원 관리 주체가 있고 공원 구역이 분명하게 구획되어 있기 때문에 가능하지 않을까 하는 생각도 들었다.

뒷산고양이는 야산에 살아 들고양이라고 할 수 있지만 굳이 가장 비슷한 유형을 찾는다면 공원고양이와 가장 유사하다. 먹이 대부분을 캣맘에게 의존하고 고립된 녹지에 살고 있다는 점에서 그렇다. 뒷산은 공원처럼 도시에 있는 규모가 있는 녹지 공간이다. 그래서 뒷산도 근린공원으로 분류한다. 다만 평지인 공원들과 달리 뒷산은 경사지다. 그리고 뒷산은 도시공원에 비해 숲의 밀도가 높고 사람이 잘 들어가지 않아 은신할 수 있는 공간이 많아서 생물 서식지로서 가치가 더 높다.

마을과 야생을 오가는 들고양이

들고양이 하면 사람의 거주지와 동떨어진 장소에서 사는 것으로 생각한다. 그러나 들고양이는 대부분 사람의 거주지와 가까운 곳에 산다. 사람이 없는 곳을 들고양이는 서식지로 선호하지 않는다. 들고양이가 사람이 있는 곳과 가까이 사는 것은 사람이 배출하는 음식물을 얻을 수 있기 때문이다. 깊은 산속은 그들에게 좋은 서식지가 아니다. 깊은 숲에서는 인가에서 배출하는 음식물을 먹을 수 없고 너구리, 족제비, 삵 등과 같은 경쟁자도 많다.

사람에게 먹을 것을 얻는 들고양이는 마을과 야생을 오가며 산다. 경남 산청군 수철리 일대에서 무선 위치 추적 장치로 들고양이의 이동 경로를 조사한 연구에서도 들고양이가 인가와 야산을 오가며 사는 것으로 나타났다.[08] 들고양이는 낮보다 밤에 더 많이 움직이고 일출과 일몰 시간인 새벽 5~6시와 저녁 7~9시에 가장 많이 움직였다. 행동반경은 마을에서 크게 벗어나지 않았으며 야간에는 상대적으로 멀리 이동하고 주간에는 짧은 거리를 이동했다. 행동반경은 6만 5000제곱미터(±5000제곱미터)이며 하루 평균 이동 거리는 2.3킬로미터였다. 또한 산으로 가는 경우는 적었고 대부분을 인가에서 머물렀다. 야생의 먹이보다 주택가의 음식 찌꺼기와 설치류를 우선적인 먹이로 선택한 것이다. 들고양이에게 핵심 생활 영역은 야산이 아니라 인가였다.

이처럼 인가를 중심으로 하여 야생을 오가며 사는 들고양이의 생존에는 인간의 음식이 꼭 필요하다. 다른 동물을 사냥하는 것은 인가에서 나오는 음식물을 먹는 것보다 훨씬 어렵고 에너지 소비도 많으며 얻는 칼로리도 낮다. 들고양이가 번성하는 것은 인간의 음식을 든든하게 챙기고 나서 모자란 부분만 사냥으로 채우기 때문이다. 들고양이는 모든 것을 야생에서 얻어야 하는 다른 야생 경쟁자보다 유리하다.

5부

길고양이는 야생동물이다

도시는 야생이다

도시 서식지

길고양이가 가장 많이 사는 곳은 도시다. 길고양이는 인간을 따라다니는 동물이어서 인구밀도가 높은 곳은 길고양이 밀도도 높다. 그래서 공간에 여유가 있는 농어촌보다 도시에서 인간과 길고양이 사이의 갈등도 심하다. 이런 이유로 도시에 사는 길고양이에 주목해야 한다.

흔히 인간의 영향이 미친 공간은 동물이 살기에 좋지 않다고 생각한다. 그러나 인간의 영향이 미친 곳도 동물에게 훌륭한 서식지가 된다. 특히 우리나라에서 그렇다. 논은 인공적인 공간이지만 우리나라 습지 중 가장 큰 면적을 차지한다. 논은 각종 동물이 살고 번식하는 생명의 요람이다. 밭도 마찬가지다. 우리나라의 초지는 약 350제곱킬로미터에 지나지 않지만 실질적으로 초지와 성격이 비슷한 밭은 7500제곱킬로미터로 그곳에 많은 생명체가 살고 있다. 친환경농법이 중요한 것은 사람에게 좋은 먹거리를 가꾸는 것과 함께 다른 생명도 살기 좋은 곳을 만들기 때문이다.

도시도 의외로 많은 동물이 사는 서식지다. 북반구의 도시에 각국 생물 종의 약 50퍼센트가 살고 있어 도시의 생물 다양성은 의외로 높다.[01] 당장 문을 열고 나가기만 해도 참새, 비둘기, 직박구리, 까치 등을 만날 수 있다. 가까운 공원이나 동네 산에 가면 박새, 곤줄박이, 산비둘기, 딱따구리 등 많은 종류의 새를 만나기도 한다.

도시에는 런던의 여우나 시카고의 코요테처럼 꽤 덩치가 큰 육식동물도 산다. 우리나라 도시에는 길고양이가 가장 큰 육식동물이다. 길고양이를 야생동물이 아니라 버려진 가축으로 생각하는 사람도 있지만 고양이는 집고양이만이 아니라 길고양이를 중요한 생활상으로 한다. 길고양이는 인간의 통제를 받지 않고 자유롭게 돌아다니며 마음대로 번식한다. 그리고 많은 길고양이는 집고양이가 버려져서 생기는 것이 아니라 길고양이끼리의 교배로 번식한다. 길고양이는 엄연한 야생동물이다.

야생동물에게 도시는 어떤 서식지일까. 먹을 것은 많지만 물이 적은 바위 사막이다. 물은 대부분 수도꼭지 안으로 숨어버렸고 토양이 노출된 공간은 별로 없다. 대신 바위와 비슷한 콘크리트 건물과 아스팔트가 지면을 덮고 있다. 사막 지역의 바위 절벽에 집을 짓는 바위비둘기가 원종인 비둘기가 도시에서 번성하는 것은 우연이 아니다. 원종인 야생고양이가 준사막인 건조한 초지에서 사는 것을 생각하면 도시는 고양이에게 나쁘지 않은 서식지다. 건조 지역이 원래 서식지인 고양이는 다른 동물에 비해 물을 적게 마셔도 산다. 음식을 통해 얻는 수분으로도 견딜 수 있다. 다만 건사료를 주로 먹는 요즘 고양이는 따로 물을 마셔야 한다.

도시 동물은 대부분 사막의 오아시스 같은 녹지 공간이나 하천변을 중심으로 살아간다. 그나마 물을 마실 수 있고 먹이가 되는 동식물도 많고 사람을 피해 은신할 공간이 많은 까닭이다. 동물은 기본적으로 사람을 기피하기 때문에 도시에서는 녹지나 하천을 중심으로 살면서 간혹 주택가를 드나든다.

그런데 도시의 오아시스를 벗어나 바위 사막 한가운데로 나온 동물들이 있다. 우리나라에서는 대표적으로 길고양이와 비둘기가 그렇다. 도시 사막은 여느 사막과 달리 먹을 것이 많다. 인간이 엄청난 양의 음식 찌꺼기를 배출하기 때문이다. 다른 동물들은 인간을 회피해서 그것을 먹을 기회를 얻지 못한다. 그러나 길고양이와 비둘기는 인간을 덜 두려워하기 때문에 다른 동물들이 접근하지 못해 진공 상태가 된 인간 주변에서 음식 찌꺼기를 모두 차지하게 되었다.

길고양이가 먹고 남은 사료를 먹는 비둘기.
다른 동물이 떠난 도시 한가운데를 비둘기는 길고양이와 함께 차지했다.

도시의 하이에나

아프리카에서 사자가 누나 얼룩말을 사냥하고 배불리 먹고 나면 하이에나가 그다음으로 먹고 대머리수리가 마지막으로 먹는다. 하이에나나 대머리수리를 볼품없는 청소 동물로 여기지만 그들이 없다면 아프리카는 동물의 썩은 냄새가 진동하고 질병이 번질 것이다. 그들은 생태적으로 매우 중요한 역할을 하고 있다.

이와 비슷한 관계가 우리나라 도시에도 있다. 사람이 먹고 남은 음식물을 길고양이가 먹고 그 부스러기를 비둘기가 먹는다. 길고양이와 비둘기는 도시에서 발생하는 음식물의 부패 문제를 줄여주는 역할을 한다. 도시의 먹이사슬에서 길고양이는 아프리카의 하이에나와 같은 역할을 한다. 하이에나를 먹다 남은 고기를 먹고 사는 동물로 폄훼하지만 이미 언급했듯이 청소 동물은 매우 긍정적인 역할을 한다. 그리고 하이에나는 훌륭한 사냥꾼이기도 하다. 하이에나는 서로 협력해 작은 영양부터 커다란 물소까지 다양한 동물을 사냥한다. 하이에나는 청소 동물이자 포식자다.

길고양이도 원래는 하이에나와 비슷한 역할을 했다. 음식 찌꺼기를 먹으며 쥐와 같은 설치류나 작은 새를 사냥하며 살았다. 그런데 도시의 서식 조건이 바뀌고 있다. 음식물이 다른 쓰레기와 뒤섞여 버려지고 상당 기간 방치되었던 예전과는 달리 쓰레기 수거 체계가 발달하면서 음식물, 특히 고양이가 원하는 육류는 접하기 어려워졌다. 굳이 육류가 아니어도 음식 부스러기로도 살 수 있는 비둘기와 달리 길고양이는 매우 좋지 않은 상황에 놓였다.

측은지심이라는 서식 조건

음식물 분리수거 체계가 잘 작동하는 도시에서 길고양이가 먹을 수 있는 것은 별로 없다. 이런 상황에서 살아남으려면 사냥 행동을 강화해야 한다. 비둘기를 적극적으로 사냥하고 요즘은 눈에 잘 안 띄는 쥐를 이 잡듯 뒤져 잡아야 한다. 그러나 별로 그런 모습은 보이지 않는다. 새로운 먹이원이 생긴 것이다. 바로 캣맘이 주는 고양이 사료다. 꼭 캣맘이란 의식이 없더라도 많은 사람이 집 근처에 고양이 사료를 내놓고 있다.

인간은 왜 길고양이를 위한 밥자리를 마련할까? 인간이 길고양이에게 먹이를 주는 것은 '측은지심' 때문이다. 길고양이에 대한 측은지심은 매우 강렬한 감정이다. 길고양이 보호 관련 카페의 글을 읽어보면 캣맘들이 얼마나 상한 애정을 길고양이에게 가지는지 알 수 있다. 인간의 측은지심이라는 새로운 서식 조건을 확보하면서 길고양이는 도시에서의 삶을 확고하게 이어가고 있다.

사람에게는 다른 동물에게 먹이를 줄 때 심리적 만족을 느끼는 천성이 있다. 먹이 주기는 가장 쉽게 동물의 관심을 이끌어내어 상호작용하는 방법이다. 먹이를 보여주면 별 관심을 안 보이거나 경계하던 동물이 그 사람을 주목한다. 먹이를 주면 다가와서 주린 배를 채운다. 사람은 이런 상호작용의 과정 자체를 좋아한다. 그리고 어쩌면 동물이 먹이를 준 사람에게 호감을 가질지도 모른다고 기대한다.

그런데 인간이 특별히 매력을 느끼는 고양이가 거리를 헤매고 있으니 더 먹을 것을 주고 싶은 것이다. 길고양이에 대한 애정은 집고양이에 대한 애정의 확장형이다. 실제로 캣맘의 상당수가 집에서도 고양이를 키운다. 고양이에 대한 애정은 매우 차별적이다. 수많은 소, 돼지, 닭을 가혹한 환경에서 사육하고 가차 없이 도살하는 인간이 고양이에게는 저자세로 매료되어 있다. 별도의 축사에 격리되어 간접화된 여느 가축과 달리 한집에 사는 고양이나 개는 반려동물로 구분해서 생각하고 강한 애정을 준다. 길고양이에 대한 애정은 집고양이에 가진 애정을 투사한 것이라 여느 야생동물을 대하는 것과 달리 각별하다. 까치나 참새를 길고양이처럼 먹이를 주고 돌보려는 사람은 거의 없다.

그렇지 않은 사람도 있지만 인간은 개와 더불어 고양이를 다른 동물에 비해 차별적으로 좋아한다. 인간의 고양이에 대한 애정은 개에 대한 애정과 달리 일방적이기도 하다. 인간은 고양이와 소통하고 싶어 하지만 단독생활 동물인 고양이는 별로 그렇지 않다. 그래서 인간은 고양이의 행동을 과잉 해석하며 일방적으로 양보한다. 고양이 주인들은 고양이에게 무시당하는 것을 순순히 받아들이고 즐기기까지 한다. '집사'라고 스스로를 고양이보다 아랫사람으로 자처하기도 한다. 이런 고양이가 길거리를 헤매고 있다고 생각하니 어찌 길고양이를 돌보고 싶지 않겠는가. 뒷산과 골목에서 보았던 밥자리를 이제 도시의 어느 동네를 가도 쉽게 만날 수 있다.

포식자로서 길고양이

사냥 행동

인간이 주는 먹이에 의존하면서 길고양이의 사냥 행동은 퇴화되었다. 사냥 행동을 뒷산고양이와 골목고양이 모두에게서 볼 수 있었지만 그들의 사냥 능력은 형편없었다. 사냥하는 모습이 엉성했고 실제로 사냥한 동물을 먹은 흔적을 보기 어려웠다.

길고양이가 조류에게 미치는 영향은 미미해 보였다. 길고양이가 많아도 뒷산과 동네에 새들이 번성했다. 열매를 맺는 참나무류와 팥배나무가 주 수종인 까닭인지 뒷산에는 꽤 많은 새가 살고 있다. 뒷산에 길고양이가 많이 살지만 조류 군집이 위축된 정황은 보이지 않았다. 동네 놀이터에도 30여 마리의 비둘기가 살고 있는데 한 번도 길고양이가 그들을 사냥하는 장면을 본 적이 없다. 얄개가 접근한 적이 있지만 비둘기는 전혀 두려워하지 않았고 얄개도 사냥 행동을 할 줄 몰랐다. 놀이터에 비둘기가 번성하는 것은 길고양이의 사냥 영향력이 미미하다는 것을 보여준다. 심지어 이쁜이는 비둘기가 곁에서 사료를 뺏어 먹어도 무관심했다.

길고양이들이 새를 잡아먹으려는 의지는 그다지 강해 보이지 않았다. 단지 DNA에 새겨진 사냥 본능에 따라 유희로 사냥 행동을 할 뿐 먹고 살기 위한 절박함은 없었다. 그저 웅크리며 살금살금 접근하다가 멈추어서 중단하거나 폴짝 뛰어드는 정도의 사냥 행동을 했다. 망고와 콩쥐가 이런 사냥 행동을 자주 했다. 한번은 덱 로드 옆에서 멧비둘기를 향해 살금살금 기어가는 망고를 만났다. 그러다 어림없는 거리에서 후다닥 달려들었다. 당연히 멧비둘기는 여유 있게 날아갔다. 쉼터에서 콩쥐가 노랑지빠귀를 향해 살금살금 걸어가는 모습도 보았다. 까치를 보고 웅크리며 접근한 적도 있었다. 그러나 망고나 콩쥐의 사냥 행동은 어딘지 허술했고 반드시 저 새를 잡아먹겠다는 의지가 없었다. 뻔히 노출된 상태로 포복을 했고 접근하는

까치를 지켜보는 콩쥐. 까치가 성깔이 있어서인지 길고양이는 즐겨 공격을 하진 않았다.

모습도 용의주도해 보이지 않았다. 얄개, 철봉이, 간짜장도 이런 형식적인 사냥 행동을 보였지만 먹잇감에 대한 살의(殺意)가 부족했다.

그렇지만 새를 사냥해서 먹는 길고양이도 있는 듯했다. 폭탄이 멧비둘기를 잡으려고 공중으로 뛰어오르는 모습은 매우 기민했다. 뒷산 산책길에서 무언가가 새를 죽여서 뜯어 먹은 흔적을 세 번 발견했다. 맹금류나 족제비의 소행일 수도 있지만 개체 수가 적다는 것을 고려하면 그 사체 중에는 폭탄과 같은 길고양이가 사냥한 것도 있을 것이다. 자수가 새끼를 기르는 장소 근처에서도 멧비둘기 사체를 보았다. 올림픽공원에서도 비둘기 사체를 보았다. 이렇듯 멧비둘기나 비둘기처럼 땅 위를 걸으며 활동하는 새들이 고양이의 표적이 되었다. 나무를 올라가서 그 위에 사는 새를 공격하거나 둥지의 새끼나 알을 먹는 행동을 목격한 적은 한 번도 없었다. 고양이에게는 새 둥지가 있을 만한 높이까지 올라가려는 적극적인 사냥 의지가 없어 보였다.

멧비둘기뿐만 아니라 까치, 노랑지빠귀 그리고 동네에 사는 비둘기 등도 땅에 내려와서 활동한다. 그중 까치는 성깔이 있어서인지 길고양이들이 관심을 덜 보였다. 오히려 까치가 고양이를 쫓아내는 것을 볼 수 있었다. 깜장이 숲속에 누워 쉬고 있는데 까치 여러 마리가 주변 나뭇가지와 땅 위를 오가면서 '깍! 깍!' 소리를 질렀다. 아마 자신들의 영역에 고양이가 있는 것이 마음에 들지 않았던 모양이다. 주변에서 여러 마리의 까치가 소란스럽게 굴자 깜장은 귀찮았는지 일어나 대학 캠퍼스 쪽으로 내려갔다. 같은 모습을 원조에게서도 보았다. 까치들이 원조가 있는 곳 주변의 나무들을 오가며 시끄럽게 울었다. 원조 역시 겁은 먹지 않았으나 불편했던 모양이다.

원조는 천천히 주택가로 다시 내려갔다.

길고양이는 곤충에 관심을 보였다. 가을에 홍련이 아파트 잔디밭에서 귀뚜라미로 추정되는 벌레를 잡기 위해 이리저리 뛰는 것을 보았다. 꽃분이가 그랬던 것처럼 길고양이의 먹이 중에는 곤충이 포함된다. 잡기 쉽고 영양도 많은 먹잇감이다.

길고양이의 사냥 행동에 적극성이 부족한 것은 사냥하지 않는 것이 생존에 유리하기 때문이다. 사냥은 성공 확률도 낮고 얻는 칼로리도 낮다. 그럴 시간에 고양이 밥자리를 순회하는 게 더 적은 에너지로 더 높은 칼로리를 얻을 수 있다. 괜히 사냥해서 에너지를 소비하는 고양이보다는 캣맘이 주는 사료를 잘 챙기는 고양이의 생존율이 높다. 환경에 따라 반대도 성립한다. 만일 고양이 밥자리가 사라진다면 언제 제공될지 모를 사료를 찾아다니는 고양이는 생존하기 어렵다. 대신 그 시간에 적극적으로 사냥하는 고양이는 생존할 가능성이 더 크다.

사냥하지 않아도 사람이 주는 사료를 먹을 수 있는 길고양이에게 사냥 행동은 먹이 활동이 아니라 놀이 행동이다. 새를 먹으려는 것보다는 몰래 접근해 덮치고 싶은 본능에 이끌리는 것이다. 그래서 적극적으로 죽이려 하지 않는다.

사냥 행동은 학습의 영향을 크게 받는다. 어미와 함께 있을 때 사냥 행동을 보고 배운 길고양이는 성장해서 적극적으로 사냥을 한다. 반면 그런 학습을 하지 못한 길고양이는 사냥에도 적극적이지 못하며 효과적인 사냥 방법도 모른다. 캣맘의 사료에 의존해 사는 어미에게서 태어난 도시 길고양이는 사냥을 학습할 기회가 거의 없다.

길고양이에게 사료를 주는 일은 최근에 생긴 현상이다. 만일 먹이를 주지 않으면 길고양이의 사냥 행동이 강화될 것이다. 길고양이는 유연하게 생활상을 바꾸는 동물이다. 사람에게 먹이를 제공받을 수 있는지 없는지에 따라 동물의 행동 방식이 달라진다. 들개도 인도나 동남아처럼 사람이 배출한 음식물 쓰레기를 먹을 수 있는 곳에서는 거주지 안에서 태평하게 누워 있고 그 수도 많다. 반면 스스로 사냥하며 살아야 하는 오스트레일리아의 딩고는 기민하고 사람에 대한 경계심이 강하다. 그리고 훨씬 적은 수만 살아남았다.

다른 포유류와의 관계

삵, 족제비, 너구리, 담비, 오소리, 멧돼지 등 많은 포유류가 야생에서는 길고양이의 경쟁자다. 심지어 담비는 길고양이를 사냥해서 잡아먹기까지 한다. 그들과의 경쟁 때문에 길고양이는 생태계의 핵심 영역을 장악하기 어렵다. 그러나 도시에는 이런 경쟁자들이 거의 없다. 길고양이는 도시의 최강자로 군림하고 있다.

그나마 경쟁자가 될 수 있는 동물은 족제비다. 족제비는 길고양이보다 덩치가 작지만 성질이 만만치 않고 강한 냄새를 내는 항문선도 있어 서로 견제가 될 수 있다. 주택가와 뒷산에서 아주 드물게 족제비를 본 적이 있다. 사람이 지켜보아도 앞에 있는 길고양이와 달리 족제비는 숨어서 움직이기 때문에 눈에 잘 띄지 않는다. 생각보다 많은 수가 도시에 살 것이란 추정도 있다. 뒷산과 동네로 한정하면 곳곳의 고양이 사료가 족제비에게도 좋은 먹이가 될 텐데 족제비가 늘어난 정황은 없었다. 한 번도 족제비가 사료에 접근하는 것을 보지 못했고 만나는 일 자체가 아주 드물었다. 길고양이의 경쟁자가 되기에는 족제비의 존재감은 미미했다.

족제비가 늘지 않았다는 것은 뒷산에 있는 토끼들을 보면 유추할 수 있다. 뒷산에는 산책객들의 볼거리로 토끼장이 있다. 철망이 조밀해서 길고양이가 토끼장으로 들어갈 수는 없다. 그러나 족제비는 몸이 고양이보다 더 가늘고 유연해서 들어갈 수 있을 법도 했다. 철망을 통과하지 못하더라도 천장이 뚫려 있어서 철망을 기어 올라간 뒤 안으로 들어갈 수 있을 듯했다. 그런데 토끼가 다른 동물에게 습격당한 일은 없었다. 족제비는 먹는 것과 상관없이 할 수 있는 한 많은 수를 죽이는 경향이 있다. 토끼가 나날이 늘어나는 것을 보면 그런 일이 없었음을 알 수 있다. 개체 수가 너무 늘어난 토끼들은 결국 중성화 수술을 받았다.

사실 족제비는 가축으로서도 고양이와 경쟁했다. 이집트에서 고양이가 쥐잡이 동물이던 시대에 유럽에서는 족제비를 같은 목적으로 키웠다. 쥐 잡는 능력은 둘 다 뛰어나지만 좁은 틈에 들어가 쥐를 잡는 능력에서는 족제비가 우수했다. 그러나 사람들은 족제비가 아닌 고양이를 가축으로 선택했다. 이집트를 벗어나 다른 지역으로 간 고양이에 의해 족제비가 대체되었다. 족제비 항문선에서 나는 강한 악취가 이유였다. 지독한 냄새가 나는 족제비와 달리 항상 그루밍 하는 고양이는 거의 냄새가 나지 않는다. 그리고 고양이는 족제비보다 더 온순하고 생김새도 사람들이 더 좋아하는 모습이다.[02]

뒷산고양이가 설치류에 부정적 영향을 주었을 가능성이 높았다. 참나무류, 팥배나무, 왕벚나무처럼 열매를 맺는 나무가 많아서 뒷산은 다람쥐가 살기에 좋다. 그러나 전에는 종종 눈에 띄던 다람쥐가 이제는 전혀 보이지 않는다. 길고양이들이 뒷산을 활보하고 있어 다람쥐는 안심하고 살 수 없다. 다람쥐는 새처럼 날 수 없고 땅에 내려와 사는 시간도 길어 주변에 고양이가 있다면 극심한 스트레스를 받을 것이다.

들고양이 유해성 논란

길고양이 중에서 인가가 아닌 야생에 사는 들고양이가 다른 동물을 잡아먹어 생태계를 교란시킨다는 우려가 있다. 해외에서는 들고양이의 생태계 유해성이 많이 보고되고 있다. 들고양이는 매년 미국에서 조류를 24억 마리 죽인다고 한다.[03] 오스트레일리아에서도 매년 야생조류 100만 마리와 파충류 170만 마리를 죽여 그곳의 독특한 토착 동물들에게 심각한 피해를 주고 있다고 한다. 그래서 오스트레일리아는 2020년까지 200만 마리의 들고양이를 살처분하는 계획을 추진했다.[04]

들고양이는 특히 섬에서 다른 종에 심각한 영향을 미친다. 육식 포식자는 내륙에서도 초식동물보다 수가 적지만 섬에서는 거의 없는 경우가 대부분이다. 넓은 바다는 포식 동물이 섬으로 옮겨오는 것을 막는다. 그러나 고양이는 배에 올라타서 여러 섬으로 이동했다. 선원들은 배 안의 쥐를 잡고 무료한 항해를 달래기 위해 고양이를 배에 태웠다. 일단 고양이가 섬에 도착하면 여러 포식 동물이 있는 내륙과 달리 아무 경쟁자 없이 마음껏 살육했다. 섬의 토착 동물은 전에 본 적 없는 포식자에게 무방비로 당했다.

외국에서는 조류 관찰이 중요한 취미활동으로 자리 잡고 있는데 탐조가들을 중심으로 야생조류를 들고양이로부터 보호해야 한다는 목소리가 높다. 우리나라에서는 최근에야 관심이 높아지고 있지만 야생조류를 관찰하는 탐조는 미국에서 5000만 명이 즐기는 보편화된 취미다. 그들에게 새를 사냥하는 들고양이는 눈엣가시 같은 존재다. 탐조가들은 생태계 안정을 위해 들고양이 포획과 안락사에 찬성하는 입장이며 TNR에 부정적이다.[05] 그런데 들고양이는 조류보다 설치류를 더 많이 잡아먹어 조류 군집에 오히려 긍정적인 영향을 준다는 반론도 있다. 쥐들이 어린 새나 알을 먹는데 들고양이가 쥐의 수를 억제하기 때문에 새들은 오히려 덕을 본다는 것이다.

섬 지역의 조류에 대해 치명적인 유해 사례가 있지만 들고양이가 생태계에 미치는 영향이 어느 정도인지는 확정하기 어렵다. 유럽에서 이루어진 조사에 따르면 새가 다른 동물에게 잡아먹힌 경우 가운데 고양이에게 사냥당한 비율은 4.5퍼센트에 지나지 않았다. 이는 쥐나 너구리가 새를 잡아먹는 비율보다 낮다.[06] 또한 조류 보호를 위해 들고양이를 완전히 제거해도 대신 자리 잡는 다른 포식 동물이 조류에 미치는 피해가 들고양이가 일으킨 것보다 작을 것이란 보장도 없다.

우리나라에서 들고양이가 조류에 미치는 영향은 어떨까? (사)한국야생동물연구소의 2001년 조사에 따르면 우리나라 들고양이는 사는 조건에 따라 융통성 있는 먹이 활동을 하고 있다.[07] 조사는 산림 지역인 지리산 권역의 네 곳과 도심 지역인 대구 도심 공원 두 곳에서 이루어졌다. 배설물 분석을 통해 음식물 섭취 과정에서 몸에 들어온 비닐 등 기타 물질을 제외하고 주요 먹이별로 살펴보면 들고양이가 다양한 먹이를 먹는 잡식 동물임을 알 수 있다. 조사지 전체의 평균 먹이 비율은 포유류 20.9퍼센트, 음식물 쓰레기 20.9퍼센트, 조류 12.7퍼센트, 식물 11.5퍼센트, 곤충 7.1퍼센트, 양서 · 파충류 0.6퍼센트로 나타났다. 의외로 식물도 많이 섭취해서 잡식 동물로서의 성향을 보였다. 곤충의 크기가 작은 것을 고려하면 곤충에 대한 포식 횟수가 많음도 알 수 있다.

들고양이의 먹이 구성 비중은 지역마다 달랐다. 대체로 들고양이는 서식지에서 얻기 쉬운 먹이를 많이 먹는데 주거지와 가까운 곳일수록 음식물 비중이 크고 멀어질수록 사냥해서 먹는 비율이 높았다. 가장 많이 사냥하는 동물은 포유 류와 조류인데 산청군 대원사 주차장 한 곳을 제외하면 나머지 다섯 곳에서 조류보다는 포유류 비율이 높았다. 들고양이가 먹을 수 있는 포유류는 대부분 설치류다. 따라서 설치류의 팽창을 막아 들고양이가 조류에 긍정적일 영향을 줄 가능성이 있다.

우리나라 들고양이가 조류에 심각한 피해를 주는지를 검증할 만한 연구 결과는 없다. 그렇지만 산에 사는 길고양이는 들고양이로 분류되어 유해 동물로 취급되어왔다. 길고양이를 함부로 죽이면 2년 이하 징역이나 2000만 원 이하의 벌금을 부과하지만, 들고양이는 포획해 안락사시키거나 총기로 잡는 것이 가능하다. 사는 곳에 따라 길고양이를 다르게 취급하고 살상하는 것에 대해 동물보호단체와 여론의 비판이 이어졌다.

이에 2019년 환경부는 국립공원 등산로에 사는 들고양이에게 살처분을 대신해 색동 목도리를 씌울 계획을 발표했다. 색을 잘 알아보는 새들이 금방 알아보고 달아나게 하기 위함이다. 미국 세인트로렌스 대학의 2013년 연구에 따르면 색 목도리를 착용한 고양이의 새 사냥 성공률은 87퍼센트 정도 줄어들었지만 색맹인 쥐 사냥 성공률은 변하지 않았다. 그리고 오스트레일리아의 실험 결과에 따르면 앞발로 색 목도리를 벗을 수 있는데도 들고양이의 80퍼센트가 그대로 목도리를 달고 다녔다.[08] 그러나 이 계획은 들고양이를 학대하는 행위라는 애묘인들의 반대로 지지부진한 상황이다.

환경부는 국립공원의 들고양이 개체 수를 조절하는 또 다른 방법으로 TNR 방식보다 훨씬 효과가 뛰어난 TVHR(trap-vasectomy-hysterectomy-return)을 추진할 계획이다. 정관이나 자궁을 절제해서 불임이 되지만 정소와 난소를 그대로 남겨 성호르몬이 계속 나오게 하는 방법이다. 이 방법은 번식기에 발정음을 낼 수 있어 도시 길고양이에게는 부적합하다. 그러나 그런 소음 문제가 없는 국립공원에서는 생식을 위한 영역 확보 본능이 그대로 유지되어 다른 개체의 유입을 막아 개체 수 조절에 더 효과적이다. 매년 TVHR이 35퍼센트만 실행되어도 개체 수 조절에 효과가 있고 57퍼센트 이상 이루어지면 군집을 완전히 사라지게 할 수 있다고 한다.[09]

그러나 무엇보다도 우리나라의 들고양이 개체 수가 어느 정도이고 실제로 유해성이 어느 정도인지부터 파악해야 한다. 사실 우리나라에서 들고양이가 다른 포식자를 압도해 조류에 피해를 줄 가능성은 낮다. 삵, 담비, 족제비, 맹금류 등이 조류를 포식해도 문제 삼지 않지만 들고양이가 새를 잡는 것은 우려한다. 그 이유는 들고양이가 원래 없던 외래 동물이라 생태계 고유의 먹이사슬을 교란하기 때문이라는 것이다.

고양이가 우리나라에 들어온 시기는 삼국 시대로 추정된다. 5~6세기 경의 가야 토기에 지붕에 올라간 고양이가 쥐를 노려보는 문양이 있는 것을 보면 적어도 1400년 전에 고양이가 들어왔을 것이다. 당연히 들고양이도 그때부터 있었다. 그 정도의 시간이 흘렀다면 들고양이를 인가와 자연의 경계부에 사는 생태적 지위를 지닌 자생 동물로 보아도 무방하지 않을까? 5~6세기부터 살던 동물이 21세기에 들어 갑자기 엄청난 피해를 주는 외래 동물이 될 수는 없다. 동물에게 잡아먹히는 새 중에서 들고양이가 포식하는 비중은 일부에 지나지 않는다. 그리고 오늘날 갑자기 그 비중이 급증할 이유가 없다. 야생에는 들고양이를 억제하는 여러 경쟁자가 있기 때문이다. 생태계를 휩쓸 것 같던 황소개구리도 시간이 지나면서 여러 천적이 생기면서 우리 자연의 일부로 축소되었다.

일반적으로 우리나라 야산에 사는 들고양이는 야산과 마을을 오가며 설치류, 조류, 음식 찌꺼기 등을 혼식하며 산다. 따라서 먹이에서 조류가 차지하는 비율은 부분적이다. 그리고 고양이의 사냥 능력은 개체마다 천차만별이다. 쥐나 새를 한 마리도 죽이지 못하는 고양이가 있는가 하면 1년에 1000마리 이상을 죽이는 고양이도 있다. 전체적으로 볼 때 고양이가 사냥감 동물의 생존에 미치는 영향은 작다고 볼 수 있다.[10] 앞서 언급했듯이, 오히려 고양이가 설치류의 팽창을 막아 조류에 긍정적인 영향을 줄 수도 있다. 들고양이가 생태계 균형에 큰 악영향을 미치지 않는다면 먹이사슬의 한 고리로 인정해야 한다.

2017년 5월부터 6개월 동안 무인 센서 카메라와 육안 등으로 조사한 결과에 따르면 전국 국립공원에 들고양이 322마리가 서식하는 것으로 확인되었다.[11] 이 정도의 개체 수가 생태계를 교란시킬 만큼 많은가? 생태적 지위가 비슷한 멸종위기 야생생물 2급인 삵도 전국 국립공원에 사는 개체 수를 합치면 그 정도는 되지 않을까? 족제비나 너구리는 그보다 많을 것이다. 그렇다고 그들이 생태계를 압도적으로 우점하여 교란하지 않는다. 들고양이도 생태계에 심각한 불균형을 가져오지 않는다면 하나의 포식 동물로 인정해야 한다. 동족의 일부가 사람과 같이 산다는 이유만으로 들고양이를 야생동물이 아닌 것으로 취급해서는 안 된다. 야생에서 태어나고 자라 스스로의 삶을 꾸려가는 들고양이는 엄연히 생태계의 한 부분이다.

이처럼 들고양이가 일으키는 문제는 우려만큼 크지 않다. 그러나 들고양이로 생기는 문제를 줄이기 위해서는 인가와 가까운 산림 주변부에 먹이를 주는 행위를 삼가야 한다. 산 깊숙이 먹이를 둔다면 그것은 들고양이가 아니라 멧돼지를 비롯한 다른 동물들이 먹을 것이므로 들고양이 개체 수에는 별 영향을 주지 않을 것이다. 사실 고양이 밥을 준다고 깊은 산속까지 가는 사람도 별로 없다. 그러나 다른 동물이 접근하기 꺼리는 산림 주변부에 먹이를 두는 것은 다르다. 이런 장소에서는 들고양이가 먹이를 독점하고 산으로 치고 올라가 사냥한다. 인간의 든든한 지원을 받으면서 사냥하게 되어 들고양이는 비슷한 생태적 지위에 있는 다른 동물보다 강한 경쟁력을 가질 수 있다.

도시 야산의 밥자리도 길고양이가 독점적으로 차지하기 때문에 문제가 된다. 망고가 있는 쉼터의 밥자리는 참 보기가 좋았다. 그곳에 사는 망고와 콩쥐는 중성화되어 있으며 캣맘들이 그들을 정성껏 돌보고 산책객들은 호의적으로 고양이를 대한다. 길고양이 밥자리를 이런 방식으로 운영한다면 인간과 길고양이가 무던한 관계로 공존할 수 있을 듯하다. 그러나 그 곳이 다른 동물의 서식지인 산이라는 점이 문제였다. 쉼터에 남은 사료가 주변의 고양이들을 끌어들였다. 개개 고양이의 사냥 능력은 형편없지만 그들의 밀도가 높아지면 다른 동물에게 영향을 줄 수 있다.

비록 뒷산고양이들이 새들에게 미친 영향은 미미해 보이지만 한 종류의 새에게는 심각한 영향을 주었을 수 있다. 몇 년 전까지만 해도 뒷산에서 '꿩! 꿩!' 하는 꿩 울음소리를 들을 수 있었으나 지금은 전혀 들을 수 없다. 성체 꿩을 사냥하기는 쉽지 않겠지만 꺼병이들은 고양이가 쉽게 공격할 수 있어 꿩의 번식이 어려웠을 수 있다. 고양이가 뒷산의 꿩과 다람쥐가 사라지는 데 영향을 주었다고 한다면 지나친 억측일까?

외출냥이의 유해성 여부

들고양이만 아니라 풀어서 키우는 외출냥이가 다른 동물에게 악영향을 줄 수 있다는 의견도 있다. 이에 대해서 미국, 영국, 오스트레일리아, 뉴질랜드 연구자들이 925마리의 외출냥이에 위치 추적 장치를 달아 밤사이 움직임을 조사한 연구가 있다.

조사 결과 외출냥이 대부분은 반경 100미터 범위의 집 마당이나 이웃 공터에 다니는 정도로 이동했다. 2킬로미터 떨어진 곳을 일주일에 두 번이나 갔다 오는 개체도 있었지만 조사 대상의 7퍼센트만 0.1제곱킬로미터 이상의 영역을 돌아다녔다. 즉 외출냥이가 자연 속을 휘젓고 다니며 다른 동물에게 피해를 주지는 않았다. 그러나 외출냥이는 집 근처의 조류, 포유류, 파충류 등을 월평균 3.5마리를 잡아먹는데 고양이의 밀도가 높기 때문에 연간 0.01제곱킬로미터당 14~39마리를 포식한다. 개체별 포식량은 적지만 고양이 군집의 영향은 야생 포식자의 2~10배에 이른다.[12]

그런데 집 주변의 동물을 포식하는 것이라 생태계의 핵심부에 미치는 악영향은 그리 크지 않을 것이다. 다만 개체별 포식량이 적어도 개체 수가 많으면 그 영향이 커질 수 있다는 점은 의미 있게 고려할 사항이다. 이런 관점은 길고양이에게도 동일하게 고려될 사항이다.

그 많던 쥐들은 어디로 갔을까

길고양이는 설치류를 억제하는 면이 강하다. 황대권의 『야생초 편지』에는 그가 안동교도소에 있을 때 새벽마다 길고양이들이 모여 괴이한 소리를 질러서 일찍 잠이 깨었다는 부분이 있다. 처음에는 잠을 더 자기 위해 무시했지만 어느 날 작심하고 그 소리를 감상하니 각 고양이의 개성 있는 소리와 음률이 어우러진 완벽한 음악으로 들렸다고 한다. 일명 '소음을 이용한 명상'은 인도의 명상법으로 소음도 자신과 일체화해서 들으면 음악으로 들린다고 한다. 그런데 그는 언젠가부터 길고양이가 모여들면서 교도소에 쥐가 한 마리도 안 보였다고 한다. 그는 교도소 내에서 야생초를 키우며 교감했는데 그의 농사를 망쳐놓는 쥐가 없어져 길고양이가 고마우면서도 한 가지 동물만 설치는 모습도 왠지 내키지 않았다고 적고 있다.[13]

길고양이가 많아지고 쥐가 잘 보이지 않는 것은 안동교도소만이 아니라 우리 사회에서 공통적으로 나타난 현상이다. 예전에는 주변에 쥐가 정말 많았다. 밤에 부엌에 불을 켜면 곳곳으로 쥐들이 숨던 모습이 기억난다. 길을 가다가도 이 집에서 저 집으로 질주하며 달아나는 쥐를 보고 깜짝 놀라곤 했다. 그런데 언젠가부터 쥐 보기가 어려워졌다.

쥐가 줄어든 중요한 원인은 주택 구조가 개인주택에서 아파트 같은 공동주택 위주로 변해 쥐가 서식할 수 있는 공간이 줄었기 때문이다. 지하실과 천장이 없어지면서 쥐가 은신할 장소도 줄었다. 또 예전의 부엌은 마당에서 들어가는 문이 있어 쥐가 음식에 접근하기 좋았는데 이제는 그러기 어렵다. 주방의 음식에 접근할 수 없는 것이 쥐들에게는 치명적이었다.

쓰레기 수거 체계가 발달한 것도 중요한 원인이다. 쓰레기와 음식물이 뒤섞여 있던 예전의 쓰레기통은 쥐들이 먹을 것을 얻기에 좋았다. 그러나 음식물 쓰레기 분리수거로 쥐는 먹이 얻기가 어려워졌다. 또 다른 중요한 원인으로 길고양이가 쥐를 잡아먹어서 그렇다는 의견이 있다. 길고양이 한 마리가 하루 평균 5~6마리의 쥐를 잡는다고 한다. 하루 12마리를 잡는다는 보고도 있다. 1년이면 무려 4380마리의 쥐를 잡는 것이다.[14]

그런데 이에 대해서 길고양이가 쥐를 거의 잡아먹지 않는다는 반대 보고도 있다. 2018년 미국 포드햄 대학 마이클 파슨스 연구팀은 뉴욕 쓰레기 재활용센터 주변의 길고양이와 쥐의 행동을 연구해 이러한 결론을 제시했다. 연구팀은 재활용센터 주변에 비디오카메라를 설치하고 79일간 306건의 동영상을 촬영했는데 길고양이가 쥐에 몰래 접근한 것은 20건에 지나지 않았다. 실제로 쥐를 죽이려고 시도한 것은 세 번에 불과했고 그중 두

번만 성공했다. 포드햄 대학 연구팀에 따르면 쥐가 사람들 눈에 안 보이는 것은 잡아먹혀서가 아니라 쥐들이 보이지 않게 행동하기 때문이라고 한다. 쥐는 길고양이가 주변에 있을 때는 그날이나 그다음 날에도 은신처에 숨어 있었다. 길고양이가 있으면 쥐는 눈에 띄지 않는 곳에서만 움직이며 자연히 사람 눈에도 잘 띄지 않는다.

이와 비슷한 연구 결과를 이미 1980년대에 존스홉킨스 대학에서 볼티모어시의 길고양이를 조사해 보고한 적이 있다. 이 연구에서 길고양이가 쥐를 공격하는 것은 한 번도 목격되지 않았다. 그들은 천적 관계가 아니라 음식물 쓰레기가 나오는 장소를 공유하는 관계였다. 훨씬 구하기 쉬운 먹이가 있으므로 길고양이는 힘들고 부상 위험이 있는 사냥을 굳이 할 이유가 없었던 것이다. 그리고 오늘날 도시에 사는 시궁쥐는 고양이가 과거에 사냥했던 들쥐보다 덩치가 훨씬 커서 그리 만만한 동물이 아니다. 길고양이는 시궁쥐보다 음식물 쓰레기에 우선 끌린다.[15]

실제로 도시에 사는 길고양이 먹이의 대부분은 사냥한 것이 아니라 음식 찌꺼기였다. 요즘은 캣맘이 주는 사료가 중요한 먹이다. 이런 길고양이가 사냥하는 쥐의 수는 그리 많지 않다.

그렇지만 길고양이는 쥐를 억제하는 역할을 한다. 보이지 않는 곳에서만 움직이다 보면 쥐의 개체 수도 억제된다. 고양이가 돌아다니면 쥐의 행동 영역은 현저히 줄어들고 먹이 찾기를 비롯한 각종 활동이 어려워진다. 결국 개체 수가 줄 수밖에 없다. 길고양이의 존재 자체가 쥐의 번식을 억제한다. 동물은 천적이 서식지에 가까이 있으면 출산을 미루고 번식을 자제하는 경향이 있는데 쥐도 그렇다. 또 고양이의 오줌에는 펠리닌(felinine)이라는 유황이 포함된 아미노산이 있어 특유의 냄새가 난다. 임신한 쥐가 이 성분에 노출되면 유산하거나 새끼를 적게 낳는다.[16]

쥐의 수가 줄었든지 아니면 사람에게 보이지 않는 곳에서만 움직이든지 인간과 쥐의 접촉은 현저히 줄어들었다. 보통 사람들은 쥐를 보면 깜짝 놀라고 혐오하는데 그런 점에서 길고양이는 도시를 꽤 편안한 공간으로 만들어주었다. 그리고 인간과 쥐의 접촉이 줄면서 실제로 쥐로 인한 질병도 줄었다.

국립보건연구원에 쥐로 인한 질병이 줄었는지의 여부를 문의했더니, 쥐로 인한 질병이 과거에 비해 줄었다고 한다. 쥐가 매개하는 질병은 직접 접촉 이외에 배설물에서 발생한 세균이 공기를 타고 옮겨지는데 어떤 경우든 발병이 이전에 비해 줄어들었다고 한다. 그러나 그것이 쥐의 개체 수 감소와 인과관계가 있다고 확정할 수는 없다고 한다. 쥐가 줄어든 것과 질병 감소의 연관성을 과학적으로 규명하기는 어렵겠지만 상식적으로 볼 때 인간과 쥐의 접촉 빈도가 줄어든 것이 분명 쥐로 인한 질병의 감소에 긍정적인 영향을 주었을 것이다.

물론 길고양이가 늘어나서 쥐를 대신해 유해한 병균을 옮긴다는 말도 있다. 그러나 모든 동물은 인수공통 질병의 매개 동물이 될 수 있다. 길고양이가 다른 동물보다 강력한 감염 경로라는 증거는 어디에도 없다. 그보다 길고양이는 강력한 질병 매개 동물인 쥐를 억제해 인간을 질병으로부터 막아주고 있다. 길고양이로 인한 전염병 확산 사례는 아직 뚜렷하게 없다. 반면 쥐가 옮긴 전염병은 페스트를 비롯하여 유행성출혈열, 랩토스피라증, 쓰쓰가무시병 등 무수하게 많다. 길고양이에 의한 질병 전염보다 쥐가 옮기는 질병을 막아주는 효과가 더 크다.

고양이는 눈이 나쁘다

원래 고양이는 야간에 돌아다니는 설치류를 사냥하는 데 최적화된 포식자다. 그런 고양이는 어떤 감각 체계를 가지고 있을까?

한동안 알갱이 형태의 간식으로 골목고양이의 환심을 사려고 노력했었다. 꾸준히 먹이를 주면 나에게 호감을 가지고 접근하는 고양이가 있지 않을까 생각했다. 그러나 아무리 간식을 주어도 처음에 거리를 두었던 고양이는 끝까지 거리를 두었다. 콩쥐처럼 서서히 가까워지는 관계를 다른 고양이들에게 기대하기는 어려웠다.

그런데 길고양이들은 바로 코앞에 간식을 던져주어도 한참이나 냄새를 맡다가 찾아서 먹었다. 이렇게 답답한 행동을 하는 것은 고양이의 감각이 주행성인 인간과 달리 밤에 돌아다니는 설치류를 잡는 데 적응되어 빛이 없는 상황에서 유용한 후각·촉각·청각이 발달했기 때문이다. 야행성인 고양이는 시력이 그다지 좋지 않다.

고양이 시력의 정확도는 인간의 4분의 1에서 10분 1 정도에 불과하다. 멀리 있는 물체를 잘 보지 못해서 20미터 이상 먼 거리는 물체가 움직이지 않는 한 인지하지 못한다. 또 너무 가까이 있는 물체에 대해서도 초점을 제대로 맞추지 못해 흐릿하게만 볼 수 있다. 고양이가 가장 잘 볼 수 있는 거리는 쥐나 새를 쫓을 때 적합한 2~6미터이며 30센티미터 이내는 초점을 제대로 맞추기 어려워 촉각에 의존한다.[17] 눈앞에 있는 간식을 골목고양이들이 잘 포착하지 못했던 이유다. 고양이는 색을 구분하는 능력도 떨어진다. 인간이 100여 가지의 서로 다른 빛깔을 구분하는 데 반해 고양이는 적록색맹이다.

반면 고양이는 야간에 사물을 인식하는 능력이 사람에 비해 월등하다. 사람은 시각세포 중 높은 광도를 이용해 색을 중심으로 명암과 형태를 구분하는 원추세포가 발달했고, 고양이는 낮은 광도의 빛으로도 명암과 형태를 구분하는 간상세포가 발달했기 때문이다.[18] 또한 고양이는 망막 뒤에 반사판이 있어 빛의 강도를 증폭시킬 수 있다. 고양이의 눈으로 들어온 빛은 망막을 거친 뒤 반사판에 반사되어 다시 한번 반대 방향에서 망막을 통과한다. 같은 빛에 의해 두 번 자극 받기 때문에 고양이는 더 낮은 빛으로도 잘 볼 수 있다. 어둠 속에서 고양이 눈이 빛나는 것은 이 반사판이 빛을 반사하기 때문이다. 또 고양이는 어둠 속에서도 잘 보도록 최대한 빛을 모을 수 있게 동공을 최대 1.4센티미터 더 확장할 수 있다. 고양이는 움직이는 물체에 반응하는 동체시력이 뛰어나다. 또한 시야각도 인간이 180도인데 반해 고양이는 무려 280도에 이른다. 이와 같은 고양이의 눈은 아주 미세한 움직임을 포착하는 데 적합하다.[19]

입맛이 까다롭다는 인상과 달리 고양이는 미각을 느끼는 혀의 미뢰가 인간의 10분의 1 이하로 미각이 그다지 발달하지 않았다. 그래서 길고양이는 맛을 가리지 않고 먹을 수 있다. 다만 육식의 비율이 압도적으로 높은 동물이기 때문에 타고난 청소 동물인 개에 비해 먹는 것이 제한적이다. 음식 찌꺼기를 먹는 잡식성이 생겼지만 고양이는 아직 육식동물이다. 고양이 사료에는 개 사료보다 단백질이 많이 함유되어 있다.

몇몇 음식은 고양이에게 유해하다. 양파, 파, 마늘, 부추 같은 파 종류는 고양이의 적혈구를 파괴해서 빈혈을 일으킨다. 초콜릿도 치명적이다. 테오브로민 성분이 중독을 일으켜 구토, 설사, 심박수 증가 등의 증상을 일으킬 수 있다. 소금 간을 한 음식 대부분은 염분의 농도가 고양이에게 지나치게 진하다. 고양이는 유당을 소화하지 못해 우유를 먹으면 설사를 한다.

고양이는 후각이 인간의 4배 정도 발달했지만 개에 비해서는 후각이 훨씬 떨어진다. 길고양이들은 코앞의 먹이도 더듬더듬 냄새를 맡아 찾았다. 땅에 떨어져 움직이지 않는 간식을 찾는 데 그나마 후각이 가장 유용해서 코를 땅에 대고 냄새로 찾았지만 꽤 시간이 걸렸다. 그렇다 해도 고양이는 기본적으로 냄새에 민감하다. 냄새를 통해 상대방의 정보를 파악하고 자신의 정보를 남긴다. 길고양이는 영역 안의 이곳저곳에 몸을 비비는데 여기는 내 것이라고 도장을 찍는 행동이다. 번식기에는 거리에 남겨진 소변 냄새를 맡아서 암컷의 발정 상태와 경쟁자 수컷을 파악한다. 사람들은 싫어하지만 길고양이 오줌 냄새는 사실 고양이에게는 중요한 의사소통 수단이다.

부족한 시각과 살짝 아쉬운 후각에 반해 고양이는 매우 청각이 뛰어나 6만 5000헤르츠의 소리를 들을 수 있다. 인간이 2만 헤르츠를 듣는 것에 비하면 훨씬 뛰어나다. 먹잇감인 설치류가 초음파 영역의 소리를 내기 때문에 이를 감지하도록 고양이의 청력이 발달했다.[20] 또 목이 사방으로 유연하게 움직일 수 있어 소리의 방향을 감지하는 능력도 뛰어나다. 두 귀도 각각 다른 각도로 움직일 수 있어 여러 방향의 소리를 구분해 감지할 수 있다.

고양이는 촉각도 발달했다. 고양이의 코와 입 사이, 눈 위, 광대뼈, 입 아래에는 얼굴 바깥쪽을 향해 굵고 긴 수염이 있다. 수염 아래에는 감각수용기가 집중되어 있어 무언가 부딪혔을 때 민감하게 알아차릴 수 있다. 사냥감이 수염에 닿을 때만이 아니라 공기의 흐름으로 움직임을 감지해 정확히 위치를 알아낸다. 발바닥으로는 쥐처럼 움직이는 동물의 진동을 감지할 수도 있다.

공격 행동

고양이 물림 사고

고양이는 개에 비해 사람을 무는 경우가 훨씬 적다. 개 물림 사고에 대한 언론 보도가 자주 있는 반면 고양이가 사람을 물었다는 보도는 볼 수 없다. 고양이가 사람을 무는 빈도가 낮고 무는 부위도 손이나 팔과 같이 덜 치명적인 부위여서 개 물림 사고에 비해 덜 주목받기 때문이다.

고양이 물림 사고는 전적으로 집고양이로 인해 생긴다. 야생동물 대부분은 사람을 공격하지 않으며 사람을 만나면 피한다. 길고양이도 마찬가지여서 길고양이가 먼저 다가와 공격하는 경우는 거의 없다. 예외적으로 망고나 이쁜이처럼 사람을 두려워하지 않고 다가오는 길고양이는 집고양이처럼 사람과의 접촉 과정에서 물림 사고를 일으킬 수 있다.

고양이 물림 사고는 고양이와 가까운 사람에게 많이 발생한다. 고양이 주인은 으레 손등에 발톱 자국이 있다. 고양이의 공격 행동은 예측하기 어렵다. 또한 고양이의 공격적인 행동을 사람이 이해하지 못할 때가 많다. 예뻐서 한참을 쓰다듬어주는데 고양이가 갑자기 주인의 손을 물거나 할퀴는 경우가 종종 있다. 고양이가 물었다면 어떤 식으로든 사람이 고양이에게 불편한 자극을 주었기 때문이다.

의외로 고양이를 쓰다듬다가 물리는 경우가 많다. 망고는 쓰다듬을 때 공격 시늉을 종종 했다. 쓰다듬으면 눈을 감고 즐기는 듯하다가 갑자기 물려고 했는데 진짜 문다기보다는 위협에 가까웠다. 그런데 보리에게는 진짜 공격받을 뻔했다. 11월 어둑한 저녁 산책길에 해맞이광장에서 보리를 만났다. "야옹" 하고 반기며 다가오기에 머리를 쓰다듬었더니 날카롭게 물어뜯으려 했다. 간신히 손을 뺐기에 망정이지 제대로 물릴 뻔했다.

길고양이를 만지지 않는 것이 그들을 현명하게 사랑하는 방법이다. 이렇게 말하는 나도 길고양이가 다가오면 만지고 싶은 욕구를 억누르기 어려워 간혹 쓰다듬으려 한다. 사실 고양이는 사람이 쓰다듬어주는 것을 별로 좋아하지 않는다. 고양이들이 서로 그루밍 해주는 것도 고작 몇 분에 그친다. 사람이 쓰다듬는 시간이 길어지면 자기 영역을 침범당했다는 불쾌감이 커져 공격한다.

쓰다듬는 강도도 약해야 한다. 고양이는 작은 동물이라 사람의 손 압력을 부담스러운 강도로 느낄 수 있다. 쓰다듬기는 고양이의 그루밍과 비슷한 느낌이 들게 하는 것이 좋다. 약한 강도로 해야 하며 손바닥보다는 손가락 끝으로 하는 것이 좋다. 도구를 사용해 빗질하듯 쓰다듬으면 가장 좋다. 망고도 콩쥐도 나뭇가지로 쓰다듬으면 가만히 있었다. 사람과의 접촉이 간접화될 때 덜 불편한 것 같았다.

쓰다듬는 부위도 중요하다. 망고나 철봉이를 보면 머리나 목 뒤를 쓰다듬으면 비교적 거부감을 덜 보였지만 배나 엉덩이 쪽으로 손이 가면 날카롭게 반응했다. 고양이는 자신의 시선과 먼 부위에 접촉이 있는 것을 싫어한다. 얼굴, 목 주변, 등을 쓰다듬는 것은 거부 반응이 작지만 배, 발끝, 엉덩이, 꼬리를 만지면 싫어한다.

쓰다듬기가 마음에 들지 않으면 고양이가 위협음을 내거나 사람 손을 무는 시늉을 하는 등 경고 행동을 한다. 이때는 쓰다듬기를 멈추어야 한다. 자세를 바꾸거나 꿈틀거리는 것도 경고 행동이다. 고양이를 불러도 딴짓을 하거나 갑자기 자리를 뜨거나 등을 돌리는 것도 접촉을 원하지 않는다는 경고다. 만일 더 귀찮게 하면 고양이가 공격할 수 있다.

고양이는 '공격성의 방향 재설정'으로 인한 공격도 한다. 공격성의 방향 재설정은 공격 충동을 느낄 때 원래 대상이 아니라 가까이 있는 만만한 상대를 공격하는 것이다. 공격성의 방향 재설정은 모든 종에서 보이지만 고양이에게 특히 많이 나타난다. 창밖을 지나는 낯선 고양을 보고 기분이 나빠져서는 갑자기 몸을 돌려 주인을 공격하는 것과 같은 행동이다. 새로운 가족이 들어왔을 때도 고양이가 스트레스를 느끼고 주인을 공격할 때가 있다.[21]

공격성의 방향 재설정은 고양이에게 불쾌한 일이 있은 후 감정이 가라앉지 않고 공격하는 것이어서 원인을 파악하기 어렵다. 집 안에 다른 고양이가 많을수록 공격성의 방향 재설정 행동을 할 가능성이 높다. 다른 고양이와 갈등을 일으킨 후에 사람을 공격하는 것이다. 실내에서 고양이는 되도록 한 마리만 키우는 것이 고양이에게나 사람에게나 좋다.

고양이와 놀아주면서 물리기도 한다. 그리고 사람에 대해 그루밍을 하다가 애정 표현으로 물기도 한다. 고양이가 물었을 때 야단치는 것은 아무런 효과가 없다. 무는 순간 놀아주거나 쓰다듬는 행동을 멈추고 그 자리를 떠나는 것이 좋다. 사람을 공격하면 더 이상 즐거운 시간을 가질 수 없다는 것을 알려주어야 한다.

고양이의 소통 방식

고양이의 소통 방식을 아는 것도 물림 사고 예방에 도움이 된다. 그런데 문제는 고양이는 단독생활 동물이어서 소통 방식이 풍부하지 않고 이해하기 어렵다는 점이다. 개와 같이 무리생활을 하는 동물은 비교적 다양한 방식으로 소통한다. 여러 가지 소리와 몸짓으로 메시지를 전하기 때문에 개들이 원하는 바를 파악하기 쉽다. 그러나 단독생활을 하는 고양이는 그런 소통 방식이 덜 발달해 인간이 고양이의 의도를 파악하기 어렵다.

고양이의 소통 방식을 파악하려면 상황의 앞뒤 맥락을 염두에 두어야 한다. 같은 표현도 상황에 따라 다른 의미일 수 있다. 그리고 고양이의 표현에 집중하면 그들의 의도를 파악할 수 있다. 예를 들어 같은 소리도 고저와 강약에 따라 그 의미가 다르다.

단독생활을 하는 고양이에게 소통이 절실히 필요한 상황은 세 가지 정도다. 어미와 새끼가 서로를 부를 때, 짝짓기 상대를 찾을 때, 영역을 침범

한 다른 고양이를 만날 때다. 이 가운데 앞에 두 가지 상황은 일시적인 반면 마지막은 항상 발생한다. 그래서 고양이는 상대를 위협하거나 또는 복종을 표시해서 서로 피투성이가 되도록 싸우는 것을 방지하려고 여러 방식으로 표현한다. 그런 표현이 감지될 때 고양이와의 접촉을 중단하면 물림 사고를 막을 수 있다.

고양이는 몸짓으로 의사를 표현할 때가 많다. 고양이가 복종을 표하는 자세는 머리와 몸을 낮추고 귀를 바짝 뒤로 눕히고 꼬리와 다리를 배 밑으로 감추는 것이다. 망고가 백설기와 누룽지를 만났을 때 이런 동작을 보였다. 몸을 크게 보이기 위해 다리를 뻗고 등을 둥글게 만들면서 털을 곤두세우는 것은 상대에게 강하게 경고하는 몸짓이다. 이런 동작을 할 때 더 가까이 다가가면 하악질을 하며 펀치를 날린다. 반면 앞다리와 뒷다리가 보이지 않게 몸 아래에 두고 앉아 있는 일명 '식빵 자세', 벌러덩 누워 있는 자세, 다리를 옆으로 누이고 앉아 있는 자세는 마음이 편안함을 나타낸다.[22]

배를 보이고 눕는 것은 자신의 취약한 부분을 상대방에게 보이는 신뢰를 표현하지만 이때 만지면 방어 본능이 발동해 공격할 수 있으므로 그냥 보는 것으로 만족하는 게 좋다. 고양이는 때때로 벌렁 누워 땅바닥에 몸을 비비기도 한다. 이는 기분 전환을 위한 행동으로 민들레가 꽃분이에게 얻어맞고 나면 이런 행동을 했다. 이는 고양이과 동물이 공유하는 행동으로 보인다. 먹잇감을 덮치다 사냥에 실패한 표범도 똑같은 행동을 한다.

고양이 얼굴의 변화를 잘 보면 심리 상태를 알 수 있다. 눈을 치켜뜨고 노려보는 것은 공격 의사를 나타낸다. 반면 눈을 평범하게 뜨고 있거나 약간 조는 듯이 있다면 마음이 평온함을 나타낸다. 눈을 천천히 깜빡이면 마

꽃분이에게 얻어맞고 바닥에 등을 비비는 민들레. 기분 전환을 위한 행동이다.

음이 편안하고 상대에 호의적인 상태이며, 시선을 돌리는 것은 싸움을 피하려는 행동이다.[23] 귀의 모습도 고양이의 심리 상태를 아는 데 유용하다. 고양이는 마음이 평온할수록 귀를 쫑긋 세우고 불편할수록 귀를 낮게 해서 젖힌다. 귀를 완전히 뒤로 젖히면 공격에 대비하고 있는 상태다. 수염도 기분을 반영한다. 마음이 차분할 때는 수염이 뻗히지 않고 자연스럽게 처져 있다. 반면 마음이 불안하면 빳빳하게 선다. 이때 수염이 뒤로 향하면 두려워하고 있다는 것이며 앞으로 뻗으면 정보를 파악하려는 상태다.

꼬리는 높이 들수록 기분이 좋고 낮을수록 나쁜 상태다. 고양이가 호감을 가지고 다가올 때는 꼬리를 높이 든다. 반면 공격하려는 경우는 꼬리를 축 늘어뜨리고 겁을 먹으면 꼬리를 다리 사이에 숨긴다. 꼬리를 흔드는 것은 감정 상태를 나타낸다. 끝만 살짝 흔들면 흥미나 경계를 표시하고 좌

고양이 얼굴

평온한 얼굴(왼쪽): 눈을 평범하게 뜨며 수염이 처지고 귀가 서 있다.

화난 얼굴(오른쪽): 눈을 치켜뜨고 수염이 뻣뻣하게 서며 귀를 낮게 젖힌다.

고양이 꼬리

꼬리를 바짝 세울수록 기분이 좋고, 아래로 늘어질수록 기분이 나쁜 상태다.

호감을 표할 때(왼쪽), 공격하려 할 때(가운데), 겁을 먹었을 때(오른쪽)

우로 크게 휙휙 휘두르면 초조함을 표시한다.[24]

내가 관찰한 바로는 공격 의사와 관계없이 기분 좋은 감정을 느껴도 꼬리를 흔든다. 망고 모녀는 나뭇가지로 쓰다듬는 것을 눈까지 감고 기분 좋게 받아들이면서 꼬리를 좌우로 흔들었다. 꽃분이도 내 무릎 위에 앉았을 때 천천히 꼬리를 흔들었다.

고양이는 몸짓으로 인사한다. 고양이들이 서로 만나면 친근함의 표현으로 코와 코를 맞댄다. 서로 볼을 비벼 친근함을 표하기도 한다. 고양이는 이런 인사법을 사람에게도 하는데, 손을 고양이 입 가까이 가져가면 고양이식의 뽀뽀를 하거나 볼을 비빈다.[25]

고양이는 체취를 통해서도 의사 표현을 한다. 고양이에게는 후각 보조기관인 야콥손기관이 입천장에 있어 냄새를 활용한 의사 표현이 잘 이루어진다. 다른 고양이의 냄새를 맡으면 야콥손기관으로 냄새를 감별하기 위해 마치 웃는 모습과 비슷하게 입술을 위로 당겨 입안으로 공기가 많이 들어가게 한다.

고양이는 개체마다 냄새를 만들어내는 지방분비선이 꼬리·이마·뺨·입술에 있다. 고양이는 마음에 드는 사물을 만나면 몸을 비벼 냄새를 묻혀 자신의 것이란 표시를 한다. 꽃분이는 나를 만나면 열심히 몸을 비벼댔지만 날카로운 호미에도 얼굴을 비볐다. 꽃분이는 집 안 곳곳을 다니며 이런 행동을 반복했다. 어떤 고양이가 다가와서 몸을 비비는 행동을 한다면 '너, 마음에 들어'라고 말하는 것이다.

고양이는 발바닥에도 냄새 분비선이 있는데 나무 같은 곳을 발톱으로 할퀴면서 냄새를 묻혀 영역 표시를 한다. 이 행동은 오래되어 낡은 발톱을

사다리를 긁어 발톱을 가는 이쁜이

날카로운 새 발톱으로 바꾸는 효과도 있다. 고양이는 발톱을 숨길 수 있는 피부 조직이 발달해서 항상 발톱을 날카롭게 유지할 수 있다. 그러나 오래되어 낡은 발톱은 제거해야 하는데 나무 같은 것을 긁어서 끝을 떨어뜨려 항상 날카로움을 유지한다.

고양이는 냄새가 강한 오줌과 똥으로 영역을 표시한다. 고양이는 영역 표시할 때 꼬리를 세우고 수직 물체에 오줌을 뿌린다. 일반적으로 오줌을 눌 때의 쭈그린 자세와는 다르다. 고양이는 똥으로도 영역 표시를 한다. 고양이는 배설 후 자기 똥을 감추는 것으로 알려졌으나 이는 쉬거나 잠자는 자기 영역의 핵심부에서만 그렇다. 천적에게 자신의 위치를 감추기 위한 행동이다. 반면 나머지 영역에서는 똥을 노출시켜 '이곳은 내 영역이다'라고 과시하는 표시를 한다.[26]

고양이는 소리로도 의사 표현을 한다. 흔히 '야옹'이라고 표현하는 소리는 엄마가 아이에게 말하듯이 음이 중간 정도로 올라갔다 내려온다. 꽃분이가 나를 만날 때나 콩쥐가 망고를 만날 때 내는 소리로 호의적인 느낌으로 자신의 존재를 알리는 효과가 있다. '야옹' 하는 소리는 특히 어미와 새끼가 서로를 부를 때나 사람에게도 주로 사용한다.

그런데 '야옹' 소리는 호의적인 감정뿐만 아니라 다양한 의미를 담고 있다. 불만이나 무언가를 요구할 때도 낸다. 콧물을 만나 간식을 던져주었는데 자신과 좀 거리가 있고 나와 가까운 곳에 떨어지자 먹지는 않고 뒤로 물러나서는 "야옹" 하고 울었다. 똑같은 모습을 홍련에게서도 보았다. 일종의 불만을 표시한 것으로 보였다. 그때 야옹 소리는 '난 저것을 먹고 싶은데 네가 너무 가까우니 좀 멀리 꺼져줄래!'라는 의미를 담은 것으로 보인다.

언젠가 콩쥐가 까치 떼를 공격한답시고 몸을 웅크리고 다가갔다. 그러나 까치란 새가 원래 만만치 않은데다 여러 마리가 똑바로 쳐다보고 대적하자 콩쥐는 멈추어 섰다. 그러고는 까치들을 향해 "야옹야옹" 하며 울었다. 공격 놀이가 좌절된 것에 대한 불만으로 보였다. 동네에서 만난 여러 길고양이도 별로 친하지 않은 나를 보고 야옹 소리를 냈다. 먹을 것을 달라는 것 같았다.

개는 다양한 상황에서 '멍! 멍!' 짖는다. 반가워도 짖고 마음에 들지 않아도 짖고 적대감을 나타낼 때도 짖는다. 인간은 짖는 소리의 높낮이와 크기, 해당 상황의 맥락을 종합해 개의 의도를 간파한다. 개 짖는 소리는 상대의 관심을 불러일으켜 원하는 것을 얻는 효과가 있다. '야옹' 하는 소리도 그 내용이 특정된 것이 아니라 상대의 관심을 끌어 자신이 원하는 것을 전하려는 소리다. 따라서 야옹 소리에 담긴 내용은 상황에 따라 다르다.

'골골' 소리는 호의를 나타내는 표현으로 역시 어미와 새끼 사이에 많이 사용한다. 고양이가 다가와 골골 소리를 내면 사람들은 무척 좋아한다. 골골 소리는 입을 다물고 횡격막과 성대 근육을 교대로 움직여 내는데 공기를 통해 음향이 전달되는 것이 아니라 접촉하고 있는 상대에게 직접 전달하는 진동음이다. 고양이는 인간에게 골골 소리를 잘 낸다. 고양이에게 인간은 다른 고양이 비해 친절한 상대이기 때문이다.[27] 골골 소리는 대체로 기분 좋을 때 내지만 고통스러울 때도 내며 죽을 때 내기도 한다. 이 소리를 내는 동안 엔도르핀이 발산되는데 이 호르몬이 고통을 완화하는 효과가 있기 때문이다.[28]

흔히 '하악질'이라고 하는 날카로운 소리는 상대를 위협하는 소리다. 주로 적극적으로 공격하려는 의도보다는 싸움을 피하기 위해 방어적으로 하는 위협이다. 상대를 마주 보고 날카롭게 '우~ 으' 하는 소리도 위협음이다. 수컷들은 번식기에 이런 소리로 서로의 우열을 가린다. 두 소리 모두 결정적 격투를 피하기 위한 행동이다. 고양이도 평화를 좋아한다!

6부

길고양이와의 공존

길고양이 현상

상반된 두 시선

길고양이가 있는 것은 인간 사회의 보편적 현상이다. 사람이 사는 곳이면 도시·농촌·어촌을 가리지 않고 길고양이가 산다. 사람이 있는 곳에서 음식물이 나오고, 집고양이가 끊임없이 길고양이가 되며, 그들이 번식하는 한 사람 주변에는 길고양이가 살 수밖에 없다. 그런데 길고양이 현상은 그들의 존재 말고 다른 것을 동반한다.

우선 길고양이를 미워하는 사람들이 있다. 단순히 길고양이를 싫어하고 쫓아버리는 정도가 아니라 학대하고 죽이기도 한다. 그러나 길고양이를 돌보려는 사람들도 있다. 그들은 길고양이에게 먹이를 주고 아프면 구조해서 치료도 한다. 요즘은 이런 돌봄을 개인적 차원을 넘어서 길고양이 보호단체를 꾸려 실행하는 경우가 늘고 있다. 길고양이를 미워하는 사람과 돌보고 싶은 사람이 공존하니 갈등이 생길 수밖에 없다.

이처럼 길고양이가 사람 곁에 살고 이를 바라보는 상반된 시선이 있다는 것은 인간 사회에 언제나 있는 상수(常數)다. 길고양이의 생명을 존중하면서 갈등을 완화하는 지혜로운 방안이 필요하다.

고양이 학대

우리나라에는 길고양이 학대 사건이 자주 발생하고 있다. 2019년 6월 부산 사하구의 한 아파트에서 길고양이가 허리가 잘린 채 발견되었다. 이 아파트에는 길고양이가 여덟 마리 정도 있었는데 모두 사라졌다고 한다. 부산 사상구의 아파트에서도 길고양이가 배에 끈이 칭칭 묶인 채 돌아다니는 학대 사건이 있었다.[01]

이러한 길고양이 학대 사건은 일일이 열거할 수 없을 정도로 전국 곳곳에서 발생하고 있다. 충남 아산의 한 고등학교에서는 무인 경보 시스템을 울리게 했다는 이유로 직원이 길고양이를 쇠파이프로 무차별 폭행하는 사건이 있었다. 2018년 분당의 한 아파트에서는 길고양이 새끼가 토막 살해되어 고양이 급식소 주변에 버려진 사건이 있었다. 그해에 세 차례나 비슷한 학대 의심 사건이 있었다.

길고양이 학대 사건은 2013년 132건에서 2017년 398건으로 그 수치도 증가하고 있다. 길고양이 학대 사건은 그 사회에 잠재된 폭력성을 나타낸다. 자신의 불만과 적대감을 뒤탈 없는 동물에게 퍼붓는 것이다. 만일 길고양이 학대 사건을 그냥 방치한다면 그 폭력성은 인간에게 향할 수도 있다. 동물을 죽이는 폭력이 만연하면 사람도 안전하지 않다. 동물을 학대한 사람의 70퍼센트 정도가 하나 이상의 다른 범죄를 저질렀다고 한다. 그리고 그중 40퍼센트는 사람에 대한 폭력 범죄를 저질렀다. 동물 학대범은 사람에 대한 폭력범이 될 수 있다.[02]

길고양이가 안전하게 사는 곳은 사람도 살기 좋은 동네라는 말이 있다.[03] 주민과 길고양이 사이의 충돌이 효과적으로 제어되도록 공공 행정력과 주민 자치 활동이 이루어지는 곳이라면 사람이 살기 좋은 곳임에 분명하다. 길고양이는 야생동물이다. 야생동물은 인간이 함부로 해쳐서는 안 되고 보호해야 할 존재다. 또한 길고양이를 학대하는 사람이 명심할 점은 동물 학대는 동물보호법에 의거해 2년 이하 징역 또는 2000만 원 이하의 벌금을 부과할 수 있는 범죄행위라는 것이다.

동물을 학대하는 사람을 발견하면 어떻게 해야 할까? 우선 어린이는 장난감과 생명체를 구분하지 못하고 학대한다는 의식 없이 동물을 괴롭힐 수 있다. 이때 혼을 내기보다 잘 이해할 수 있게 설명해서 중단하게 해야 한다. 어른이 그러한 행동을 한다면 사진이나 동영상 등 증거자료를 확보하고 경찰서에 신고하거나 동물보호단체에 제보하면 법적 조치를 취할 수 있다.[04]

길고양이에게 밥을 주는 사람

특별히 덕 보는 것도 없는데 캣맘과 캣대디는 길고양이에게 밥을 준다. 그들이 고양이에게 먹이를 주는 것은 측은지심 때문이다. 망고에게 사료를 주는 캣맘은 길고양이에게 먹이를 주는 것이 경제적으로 부담이 되고 동네 사람들과의 갈등도 있어서 그만두려 했지만 끝내 마음에 걸려 다시 먹이를 줄 수밖에 없었다고 했다. 사료 주는 것을 그만둔 후 며칠간 마음이 불편했다고 한다. 인간에게는 어려운 상황에 있는 존재를 연민하는 천성이 있다. 어떤 사람에게는 그 천성의 이끌림이 거부할 수 없을 만큼 강하다.

그런데 캣맘이 길고양이에게 먹이를 주는 것을 싫어하는 사람들도 있다. 그들은 캣맘이 먹이를 주어서 길고양이들이 모여든다고 불만을 표한다. 보통은 캣맘에게 심한 말을 하는 정도로 그치지만 때로는 폭행으로 이어지기도 한다. 2012년 인천 연수구에서 50대 남성이 먹이를 주어 주변을 지저분하게 한다는 이유로 50대 캣맘을 폭행하고 쓰레기통에 거꾸로 집어넣은 사건이 있었다. 두 사람은 길고양이에게 먹이를 주는 것 때문에 이미 여러 차례 시비가 있었다고 한다.

캣맘들은 길고양이에게 먹이를 주는 것을 싫어하는 사람과 논쟁하면 감정싸움으로 번지기 때문에 조용히 자리를 피하는 것이 상책이라고 말한다. 또 길고양이에게 밥 주는 것을 싫어하는 사람을 만나지 않기 위해 사람이 안 다니는 늦은 밤이나 새벽에 잘 보이지 않는 장소에 먹이를 준다고 한다. 그래도 요즘은 캣맘이 먹이를 주는 것에 호기심을 갖거나 호의적으로 보는 사람도 많아졌다고 한다.

길고양이에게 먹이를 주고 싶은 것과 길고양이가 옆에 있는 게 싫은 것 모두 인간의 성정이다. 어느 동네이든 길고양이에게 먹이를 주려는 캣맘과 또 그들을 미워하는 사람이 있고 이들 간에 갈등이 발생할 소지가 있다. 이러한 충돌을 해결하기 위해 요즘엔 캣맘들이 단순히 먹이를 주는 것에 그치지 않고 길고양이를 잘 관리하여 주민과 길고양이의 마찰이 없도록 하는 역할도 한다. 그 하나로 TNR을 통해 주민들의 민원을 완화하거나 밥자리 주변을 깨끗이 청소하는 등의 활동을 하는 캣맘도 늘고 있다.[05]

길고양이 먹이 주기의 장단점

길고양이에게 먹이를 주는 일에는 장단점이 있다. 사실 망고의 캣맘에서 볼 수 있듯이 그들이 감당해야 할 부담이 상당하다. 고양이가 가여워서 도와주려는 마음을 실행하기 위해 심적 · 육체적 · 경제적 부담을 오롯이 감당해야 했다. 길고양이 보호단체의 게시글을 보면 길고양이를 돌보기 위한 그들의 헌신적인 노력을 접할 수 있다. 그들에게 길고양이 먹이 주기의 장단점을 말하는 것은 별 설득력이 없다. 그렇지만 인간과 길고양이의 공존을 위해 먹이 주기의 장단점을 살펴볼 필요가 있다.

장점부터 본다면 우선 고양이들의 영역 다툼이 줄어들어 싸우는 소리 때문에 시끄러울 일이 준다. 고양이들은 이슬람권의 항구처럼 먹이를 충분히 얻을 수 있는 곳에서는 덜 다툰다. 먹이를 쉽게 얻을 수 있으니 굳이 싸울 필요가 없다. 반면 먹이 조건이 나빠지면 고양이 간의 싸움도 늘어난다.

이는 동물들에게 보편적으로 나타나는 현상이다. 코로나19가 한창 창궐하기 시작한 2020년 3월 11일 태국 중부 롭부리에서 원숭이 무리 수백 마리가 패싸움을 벌였다. 원숭이가 많아 원숭이도시로 유명한 롭부리에는 관광객이 주는 바나나나 해바라기씨 같은 음식을 먹으며 많은 원숭이가 시내에 살았다. 그런데 코로나19로 각국이 국경을 걸어 잠그고 관광이 중단되면서 원숭이들은 먹을 것을 잃게 되었다. 먹이를 찾아 롭부리 사원의 원숭이 무리가 시내 원숭이 무리 구역에 들어오자 두 무리 간에 극렬한 패싸움이 일어났다. 먹이가 부족해지자 원숭이들이 공격적으로 변한 것이다.[06]

길고양이에게 먹이를 주면 쓰레기봉투가 뜯겨서 지저분해지는 것을 어느 정도 막을 수 있다. 충분히 먹이를 얻을 수 있는 길고양이는 굳이 쓰레기봉투를 뜯으려 하지 않는다는 것이 미국, 스페인, 그리스 등지에서 입증되었다 한다.[07] 쉽게 사료를 먹을 수 있다면 쓰레기봉투를 뜯는 행위는 분명 줄어들 것이다. 그러나 골목고양이들을 관찰한 바로는 쓰레기봉투를 뜯는 행동이 완전히 사라지는 것은 아니다. 골목 여기저기에 고양이 먹이를 주는 장소가 있는데도 초코바닐라와 새소년이 쓰레기봉투 뜯는 것을 보았다. 배가 불러도 쓰레기봉투 안에서 음식 냄새가 나면 고양이는 뜯으려 한다. 아무리 사료를 많이 먹어도 쓰레기봉투 속 생선 조각을 먹고 싶은 식욕이 고양이에게 남아 있다.

길고양이가 쓰레기봉투를 뜯는 것에 대한 근본적인 해결법은 먹이를 챙겨주는 것이 아니라 음식물 쓰레기를 철저히 분리수거하고 종량제봉투에 고양이를 유인할 수 있는 음식물 쓰레기를 넣지 않는 것이다. 음식물 쓰레기봉투는 뚜껑이 있는 통에 버려서 길고양이에게 노출되지 않도록 한다.

주변에 사료를 놓아둔 곳이 많은데도 쓰레기봉투를 뜯는 초코바닐라

또한 정해진 배출 시간에 문 앞에 두어 쓰레기봉투가 노출되는 시간을 최대한 줄인다면 길고양이가 쓰레기봉투를 뜯어서 지저분해지는 문제를 효과적으로 해결할 수 있을 것이다.

먹이를 주면 길고양이의 건강이 좋아지는 효과도 있다. 길고양이가 안정적으로 먹이를 얻게 되면 영양 상태가 개선되어 털 결이 좋아지고 외관도 보기 좋아진다. 그리고 건강이 개선되면서 질병의 매개체가 될 소지도 줄어든다. 결과적으로 길고양이 군집이 안정되는 효과가 있다.

길고양이에게 먹이 주는 행위의 단점은 당연히 개체 수가 늘어난다는 것이다. 먹을 것이 많아지면서 번식이 늘고 태어난 새끼가 성체로 성장할 확률도 높아진다. 무엇보다 밥자리 주변으로 다른 구역의 길고양이들이 모여든다. 꽃분이에게 먹이를 주자 다른 고양이들이 몰려들었다. 먹이가 있으면 다른 지역의 고양이도 모여든다. 어떤 구역에 길고양이 수가 늘어나면 캣맘과 길고양이를 싫어하는 사람들 간의 갈등도 커진다.

길고양이 먹이 주기는 그들의 자생력도 약하게 한다. 전적으로 캣맘의 밥자리에 의지하면 스스로 먹이를 찾는 능력을 잃게 된다. 먹이를 주기 시작하여 그곳의 개체 수가 늘어나는 상황에서 사정이 있어 먹이를 끊게 되면 길고양이들은 굶주리게 된다. 그래서 길고양이 먹이 주기는 매우 신중하게 시작할 일이다.

먹이 주기는 길고양이에게 오히려 불행을 가져올 수 있다. 잦은 번식과 양육으로 길고양이는 힘든 삶을 살게 된다. 또 늘어난 개체 수로 인해 먹이 경쟁에서 약한 새끼부터 먼저 도태된다. 또 길고양이 서식 밀도가 높아지면 질병의 전파 가능성도 커질 수 있다. 먹이 주기가 더 많은 죽음을 부르는 것이다.

길고양이에게 먹이를 주면 다른 야생동물에게도 악영향을 줄 수 있다. 비록 길고양이의 개체별 사냥 능력은 형편없지만 그 수가 증가하면 길고양이 군집 전체가 다른 동물에게 미치는 영향이 커진다. 길고양이는 사람으로부터 든든하게 밥을 제공받으면서 다른 동물을 놀이로 공격할 수 있다. 다른 가축에게도 악영향을 준다. 미국에는 약 1억 마리의 집고양이가 있는데 그들은 하루 300만 마리의 닭고기를 먹는다고 한다. 육식성이 강한 고양이의 사료 성분에는 가축의 고기가 포함된다. 당연히 길고양이에게 먹이를 많이 줄수록 많은 가축이 희생된다. 고양이 사료에 들어가는 생선도 마찬가지다. 길고양이를 보호하는 행동이 다른 동물에게 가혹한 일이 되는 것이다.[08]

길고양이 TNR

TNR에 대한 찬반

길고양이로 인한 갈등이 늘어나면서 각 지자체에서는 개체 수의 조절을 위해 TNR을 시행하고 있다. 우리나라는 2000년대 초반 TNR을 과천 · 수원 등에서 도입한 이래 전국 주요 도시에서 확대 · 시행하고 있다. 농림축산식품부 관계자는 "정확한 통계는 없지만, 시골을 제외한 도시 지자체에서 TNR을 한다고 보면 될 것"이라고 말했다.[09] TNR은 현재까지 길고양이 개체 수를 조절하는 가장 효과적인 방법으로 알려져 있다.

TNR은 길고양이로 인한 주민 간 갈등 요소를 줄이는 장점이 있다. 논란이 있지만 TNR은 길고양이 수가 늘면서 생기는 문제 전반을 완화할 수 있다. TNR을 하면 길고양이의 발정음과 싸움이 줄어든다. 사람들이 길고양이를 싫어하는 중요한 이유는 시끄럽기 때문이다. 가장 싫어하는 소리는 아기 울음소리를 연상하게 하는 발정음이다. 또 번식기에 수컷끼리 싸우는 소리도 싫어한다. 그런데 중성화 수술을 하면 짝짓기 상대를 부르기 위한 발정음을 내지 않고 암컷을 차지하기 위한 싸움도 하지 않는다. 그뿐만 아니라 영역을 알리기 위해 소변을 뿌리는 행동도 줄고 길고양이가 짝을 찾아 배회하는 행동도 줄어든다.

TNR 효과에 대해 상반된 의견이 있다. 서울시는 TNR이 상당한 효과가 있다는 자료를 제시하고 있다. 서울시에서는 고양이 급식소를 설치해 길고양이들이 모여들게 하고 통덫으로 포획한 후 중성화 수술을 진행하고 있는데 고양이 급식소 주변에서 큰 효과를 거두고 있다고 한다. 예컨대 보라매공원에서는 10군데의 고양이 급식소를 마련하고 이곳을 찾는 고양이의 중성화 수술을 추진했다. 공원에 사는 고양이 78마리 중 74마리가 중성화되어 95퍼센트의 중성화율을 기록했다. 보라매공원 외의 다른 공원에도 급식소 설치와 TNR을 실시해 대상 고양이의 85퍼센트가 중성화 수술을 받는 성과를 올렸다. 서울시 전체의 길고양이 중성화 실적은 2012년 5497마리, 2014년 6531마리, 2016년 8524마리, 2017년 8985마리, 2019년 1만 1642마리로 늘어났으며, 2008년부터 2017년까지 총 6만 4670마리가 중성화 수술을 받았다. TNR의 실효성 파악을 위해 서울시에서 2년마다 실시한 모니터링 결과에 따르면 2013년 약 24만 6762마리였던 길고양이 수는 2015년 약 20만 마리, 2017년엔 13만 9000마리, 2019년 11만 6019마리로 줄었다고 한다. 6년 동안 52.9퍼센트가 줄어든 것이다.[10]

이에 대해서 서울시가 TNR 효과를 과장하고 있다는 반론도 있다.[11] TNR이 성공하기에 턱없이 부족한 수가 중성화 수술을 받고 있다고 말한다. TNR로 개체 수가 감소하려면 중성화 수술이 강도 높게 단기간에 집중적으로 이루어져야 한다. 그렇지 않으면 길고양이 간의 서열이 바뀌고 중성화 수술을 받지 않은 개체의 번식 활동이 계속된다. 길고양이의 번식률은 매우 높아서 잔존 개체만으로도 충분히 예전의 군집을 회복할 수 있다. 50퍼센트를 중성화한다고 개체 수가 절반으로 줄어드는 것이 아니다. 그런데 예산과 인력의 한계로 사실상 이렇게 하기 어려워 TNR 사업이 별 효과가 없다고 한다.

서울시는 2008년 처음 시작한 이래 꾸준히 TNR을 늘려가고 있다. 그런데 서울시의 모니터링에 따르면 중성화 수술을 받아 귀 끝을 잘라낸 고양이는 전체 길고양이 중 2015년 10.5퍼센트, 2017년 26.01퍼센트, 2019년 22.7퍼센트라고 한다. 10만~20만 마리의 서울시 길고양이 수와 길고양이의 75퍼센트 이상이 중성화 상태로 유지되어야 개체 수 조절 효과가 있다는 기준에 비추어보면 별 효과가 없다고 볼 수 있다.

어느 의견이 맞는지는 좀 더 검증이 필요하지만 TNR은 현재 길고양이 개체 수 조절에 가장 중요한 방법으로 시행되고 있다. TNR 이전에는 길고양이를 포획해 제거하는 방법이 사용되었다. 그런데 포획을 통해 길고양이 개체 수를 줄이려면 TNR과 마찬가지로 아주 높은 비율로 포획해야 한다. 남아 있는 개체들이 번식하고 다른 지역으로부터 새로운 개체들이 유입되기 때문이다. 영국의 야생동물학자인 로저 타보(Roger Tabor)는 실험을 통해 어떤 지역의 길고양이 무리를 제거하면 빈 공간으로 주변의 다른 개체들이 유입되어 또다시 군집의 크기가 원상회복되는 진공 효과를 밝혔다. 따라서 TNR을 지지하는 입장에서는 중성화 개체군이 해당 영역을 지켜

다른 길고양이 유입을 막는 것이 포획 후 제거 방식보다 개체 수 조절에 효과적이라고 말한다.

해외에서는 TNR의 성공 사례가 종종 보고된다. 미국 로스앤젤레스 배턴루지 외곽에 있는 병원(The Gillis W. Long Hansen Disease Center)에서는 주변의 길고양이 군집을 제거하기 위해 포획 후 제거하는 방법을 수차례 실시했으나 실패했다. 환자들이 길고양이들에게 먹이를 주고 트랩에 잡힌 길고양이를 풀어주기 때문이었다. 매년 수많은 고양이를 제거했지만 전체 개체 수는 줄어들지 않았다. 어느 지역에 길고양이 군집이 형성되어 있다는 것은 그만큼 길고양이가 살기 적합한 서식 조건이기 때문이다. 그래서 길고양이를 제거해도 곧 외부로부터 다른 개체가 유입되거나 번식을 통해 원래 개체 수로 회복된다. 길고양이의 포획 제거는 군집 내 개체의 변동만 증가시켰다. 새로운 고양이들의 반복적인 유입으로 영토와 서열을 다투는 싸움이 늘어나고 군집 내로 새로운 질병이 유입되는 결과를 초래하여 주민들의 길고양이에 대한 불만은 더 악화되었다.

병원은 이러한 문제를 해결하기 위해 대체 방안으로 TNR을 실시했다. 협조를 얻기 위해 병원은 TNR이 길고양이를 죽이는 것이 아니라 생식기관을 제거 후 다시 방사한다는 내용을 환자들에게 알렸다. 3년간 운영한 결과 프로그램 시행 전 44마리였던 개체는 더 늘지 않고 40마리로 안정적으로 유지되었다. 그리고 길고양이들의 건강 상태가 좋아지고 더 조용해져 주위 사람들과의 갈등도 개선되었다. 이에 곁들여 인도적으로 고양이 개체군을 유지한다는 긍정적인 이미지도 형성되었다.

1989년 스탠퍼드 대학에서도 비슷한 사례가 있었다. 대학에서는 교내의 길고양이 500여 마리를 포획하여 제거하는 계획을 발표했는데, 이에 반대하는 교수·학생·교직원이 모여 스탠퍼드 고양이 네트워크를 창단했다. 스탠퍼드 고양이 네트워크는 길고양이 군집 조절을 위해 TNR을 진행했다. 이후 대학 내 길고양이 개체 수는 서서히 감소해서 300마리 수준에서 건강하게 관리되었다. 아울러 60마리 이상의 새끼가 포획되어 훈련 과정을 거쳐 입양되기도 했다.

TNR과 고양이 급식소

공식적으로 장소를 정해 길고양이에게 사료를 주는 고양이 급식소는 TNR과 연계하여 주목받고 있다. 중성화 수술은 보통 포획틀로 길고양이를 잡은 뒤에 이루어진다. 고양이 급식소를 마련하면 인근의 길고양이들이 그곳에 들르기 때문에 더 쉽게 포획할 수 있다. 또 방사할 때도 고양이 급식소에 방사하면 무난히 사는 곳에 재적응할 수 있다.

이러한 포획과 방사 과정에서 지방자치단체와 캣맘들이 협력하면 TNR의 성과를 높일 수 있다. TNR의 성공적 사례로 서울시 강동구에서 고양이 급식소와 연계해 진행한 경우가 있다. 강동구 고양이 급식소는 만화가 강풀의 제안으로 시작되어 지자체와 캣맘 커뮤니티인 '미우캣'이 협력해 설치와 관리가 이루어진 사례다. 강동구 고양이 급식소는 2013년 18개 주민센터에 설치되면서 시작되었다. 이후 호의적인 반응에 힘입어 파출소, 소방서, 보건소, 구민회관 등의 공공기관과 공원 등에 60개소를 확대·설치했다.

급식소에 모여드는 길고양이를 TNR 하면서 길고양이 관련 민원이 70퍼센트가량 줄었다고 한다. 급식소가 잘 정착되면 많은 장점이 있다. 길고양이는 안전하게 먹이를 먹을 수 있고 캣맘은 숨지 않고 떳떳하게 먹이를 줄 수 있다. 또 길고양이가 민원 지점에서 벗어나 급식소 주변에 살게 되어 민원을 줄일 수 있고 쉽게 포획할 수 있어 TNR을 효과적으로 시행할 수 있다.

많은 장점이 있지만 고양이 급식소에 대해 호의적인 시선만 있는 것은 아니다. 2017년 강동구청 성안별관 옥상에 길고양이 쉼터가 설치되었다. 그곳은 3개월 미만이거나 다친 길고양이가 임시로 머무는 곳이었다. 원래 직원들이 쉬는 공간이었던 그곳에 길고양이 쉼터가 생기면서 강동구청 공무원노동조합에서 철거를 요구했다. 길고양이의 분비물과 악취, 털 날림으로 알레르기 현상을 호소하는 직원 민원이 생겼다고 한다. 고양이 피부질환인 링웜에 걸린 직원도 있고 갑자기 뛰어나온 고양이 때문에 임신한 직원이 넘어진 위험한 상황도 있었다. 고양이가 무서워 옥상에 못 올라가고 화장실에서 쉬는 직원도 있었다고 한다. 결국 강동구청은 길고양이 쉼터를 강동구청 유기동물보호소인 '리본센터' 옥상으로 옮겼다.[12]

고양이 급식소가 지지를 얻으려면 행정기관과 길고양이 보호단체가 협력해 책임 있게 사후관리를 해야 한다. 서울시는 2015년 시내 공원 4곳에 32개소의 급식소를 설치하고 동물보호단체와 계약을 맺어 관리하도록 했다. 급식소 운영을 통해 중성화율을 70퍼센트 이상으로 시행하기로 계약했는데, 급식소와 TNR의 연계가 대부분 성공적으로 이루어졌다. 그런데 그중 용산가족공원에 설치한 급식소는 그곳을 운영하는 동물보호단체와 공원관리기관 간에 급식소 위치와 위생 관리를 놓고 갈등이 커졌고 중성화율도 2016년 기준 57.1퍼센트에 그쳐 결국 철거되었다. 동물보호단체 측은 공원관리기관이 급식소의 사료 그릇을 임의로 제거하는 등 비협조적이었다고 했다. 반면 공원관리기관은 길고양이 민원을 동물보호단체에 전달했을 뿐 임의로 사료 그릇을 제거한 일은 없었다고 말했다. 길고양이 보호단체와 행정기관의 협력이 없으면 급식소 운영이 성공할 수 없음을 보여주는 사례다.[13]

고양이 급식소 방문

실제로 어떻게 운영되는지 알기 위해 고양이 급식소를 찾아가 보았다. 내가 사는 지자체의 길고양이 담당 부서에 물어보니 관할 구역 내에 19개소의 고양이 급식소가 있다고 했다. 급식소는 2019년 처음 설치되었다. 운영 희망자 신청을 받았고 그중 선정된 사람에게 고양이 먹이 급식대가 배부되었다. 사료 주기는 급식소를 신청한 사람이 담당한다. 사료는 자비로 구매하며 특별한 문제가 발생하지 않으면 계속 급식소를 운영할 수 있다. 개별 급식소 운영자 외에 지자체 내 급식소를 전체적으로 관리하는 동물보호단체도 있다. 해당 단체는 구청과 협약을 맺고 급식소 전체를 모니터링하고 관리한다. 구청에서는 2020년에도 신청을 받았고 10개소를 증설할 계획이라고 한다.

방문한 급식소는 관공서 화단, 지역 도서관 뒤편, 대학 캠퍼스, 아파트 단지 분리수거장, 요양병원 골목 이렇게 다섯 곳이었다. 급식소는 비 가림이 된 상자 안에 사료와 물을 놓아둘 수 있는 형태인데 디자인은 장소마다 달랐다. 구청 담당자의 말로는 처음에는 같은 형태로 급식대를 제공했는데 운영 과정에서 바뀐 것 같다고 했다. 고양이 급식소를 싫어하는 사람들이 훼손해서 바꾸었을 수도 있고 급식하는 사람이 임의로 바꾸었을 수도 있다고 했다.

급식소는 대부분 후미진 곳에 설치되어 있는데 외관도 대부분 눈에 띄지 않는 형태였고 색깔도 많이 바래 있었다. 차라리 산뜻한 디자인으로 만들면 어떨까 싶었다. 주민과의 충돌을 막고 TNR을 통해 개체 수를 조절한다는 급식소의 취지를 또렷한 글씨로 적어 사람들의 이해를 구하면 좋을 것으로 생각되었다. 좋은 시각적 이미지로 자주 접하면 길고양이 밥 주

최초의 원형이 거의 남아 있지 않은 고양이 급식소

기에 대한 인식도 나아질 것 같았다.

들렀던 급식소 중 길고양이가 주변에 보이던 곳은 아파트 단지 쓰레기 분리수거장뿐이었다. 길고양이들은 분리수거장에서 조금 떨어진 화단에 숨어 있다가 급식대를 찾아와 사료를 먹었다. 분리수거장은 수도가 있어 고양이들에게 물을 주기에도 좋아 근처에 은신할 공간만 있다면 급식소 설치에 적합하다. 나머지 장소 중 어떤 곳은 보행로에 많이 노출되어 있어서 고양이들이 좀 꺼릴 것 같았다.

TNR의 제한적 효과

문제는 TNR 효과가 제한적이라는 것이다. 고양이는 번식력이 엄청나다. 고양이 한 쌍이 5년 동안 낳은 새끼가 모두 생존하면 총 35만 4294마리가 된다고 한다.[14] TNR이 시행되어도 중성화되지 않은 개체의 번식을 통해 원래 개체 수가 충분히 회복된다. TNR은 해당 군집의 개체 수가 아주 적거나 대학 캠퍼스나 공원처럼 경계가 분명한 구역에서 꾸준히 시행될 때만 효과가 있다. 수의사 줄리 레비는 플로리다주 게인스빌에 있는 8제곱킬로미터 규모의 플로리다 대학교에서 20년 가까이 TNR을 시행했다. 철저한 수술과 적극적인 입양을 통해 캠퍼스 내 개체 수를 줄일 수 있었는데, 이는 긍정적인 결과를 보여준 몇 안 되는 사례라 한다. 이 사업을 진행한 레비는 성실하게 시행한다면 몇 제곱킬로미터는 해결할 수 있지만, 문제는 더 넓은 지역 사회라고 말했다. 넓은 지역의 TNR을 위해서는 많은 사회적 비용이 필요하다.

일단 먹이를 주기 시작하면 그 양만큼 길고양이가 늘어난다. 그런 점에서 TNR로 개체 수를 줄이기는 어렵다. TNR을 해서 개체 수를 억제할지라도 앞서 로저 타보가 말했던 진공 효과가 포획 후 제거 방식과 동일하게 나타난다. TNR로 번식이 억제되면 여유가 생긴 먹이 조건만큼 다른 지역의 고양이들이 유입된다는 뜻이다. 그 지역의 먹이양의 조건에 따라 길고양이가 살게 되는 것이다. 만일 100마리의 길고양이가 살 수 있는 먹이 조건이면 중성화를 하든 포획을 하든 아무런 간섭을 안 하든 결국에는 100마리의 길고양이가 살게 된다. 다른 곳에서 길고양이가 이주해 오든 태어난 새끼의 생존율이 높아지든 개체 수는 결국 100마리로 수렴된다.

TNR 효과는 개체 수를 억제하는 것보다는 군집의 성격을 바꾸고 안정화하는 것이다. 중성화 수술을 하면 영역 다툼과 짝짓기를 위한 싸움을 하지 않게 된다. 오줌을 스프레이 하는 행동도 안 하게 된다. 중성화된 개체군이 해당 영역을 지키므로 중성화되지 않은 길고양이가 들어와 앞에서 언급한 문제를 일으킬 소지를 줄인다. 사람과의 갈등을 일으킬 소지가 적은 군집이 형성되는 것이다. TNR의 성공 사례들도 개체군을 안정화한 것이지 개체 수를 확연히 줄인 경우들은 아니다.

지자체 예산의 한도 때문에 지역마다 할 수 있는 TNR 물량에는 한계가 있다. TNR이 효과를 보려면 아주 강도 높게 추진해야 하지만 현실적으로 그렇게 하기 어렵다. 그래서 TNR 신청 건에 대해 그 구역의 길고양이를 대부분 중성화하는 것이 아니라 한두 개체를 시행하면 다른 신청 건으로 넘어간다. TNR 신청 건이 연이어 있기 때문이다.

중성화 사업 물량이 제한된 상황에서 길고양이에게 주는 먹이가 늘어나면 TNR 효과는 거의 없어진다. 중성화 수술을 받지 않은 개체들의 번식 성공률이 높아지고 다른 지역에서 길고양이가 유입되기 때문이다. 개체 수가 늘 뿐만 아니라 중성화되지 않은 고양이들의 비중도 늘어나 군집의 성격이 원래대로 돌아간다. 당연히 발정음과 싸우는 소리가 잦아진다. 먹이가 늘면 번식 횟수도 늘어난다.

길고양이는 보통 일 년에 한 번 발정하지만 최근 도시 지역의 길고양이 중에는 여러 번 발정하는 개체가 있다. 고칼로리의 먹이를 계속 먹으면 남은 에너지를 번식에 쓴다. 특히 먹이 장소가 곳곳에 있으면 먹이 활동을 위해 돌아다닐 필요가 없어 번식을 위해 쓸 수 있는 에너지도 늘어난다. 가장 많이 할 때는 일 년에 서너 번 번식하기도 한다. 이런 과정을 반복하면 그 지역의 고양이 수는 기하급수적으로 증가한다.[15]

제한 급식 제안

그렇다고 TNR이 효과가 없는 것은 아니다. 앞서 언급했듯 제한된 구역에서는 효과가 있다. 어떤 구역에서 강도 높은 중성화 수술이 꾸준히 이루어진다면 적정 개체 수를 유지할 수 있다. 그런데 TNR을 위한 공공 예산은 제한되어 있다. 공공기관의 TNR 외에 민간 보호단체나 캣맘들이 하는 중성화 수술도 있지만 필요한 TNR를 모두 시행하기엔 턱없이 부족하다. 그러므로 한정된 TNR 물량의 효과를 최대한 높이는 방안이 필요하다.

그런 점에서 고양이 급식소를 통한 제한 급식과 TNR을 제안한다. 일정 구역에 한정된 수의 고양이 급식소를 사람들의 동선에서 벗어난 곳에 설치하고 그곳에서만 고양이 사료를 적정 한도에서 급식하는 것이다. 그러면서 급식소를 중심으로 TNR을 진행하는 방안이다.

이 방안은 우선 과잉 급식을 막아 길고양이 개체 수를 적정선에서 유지할 수 있다. 급식 장소가 산재하면 먹이가 자칫 과잉 공급되어 길고양이 개체 수가 지나치게 늘어날 수 있다. 반면 급식 장소가 한정되면 먹이양의 조절이 쉬워진다. 그 결과 번식률이 낮아진다. 고양이 급식소 주변에 중성화 수술을 한 길고양이 무리가 정착한다면 수술하지 않은 개체들이 접근해 마음껏 사료를 먹지 못한다. 따라서 충분한 영양 축적을 할 수 없어 번식률이 내려간다. 급식소에서만 제한 급식을 하면 TNR을 위한 포획 성공률도 높일 수 있다. 일대의 길고양이들이 대부분 그곳에 들를 것이므로 포획이 용이해진다.

무엇보다도 이 방안은 캣맘과 주민 간의 갈등을 줄일 수 있다. 동네를 돌다보면 고양이 밥자리가 주택가 여러 곳에 분산되어 있는 것을 볼 수 있다. 고양이에게 먹이를 주고 싶은 사람들이 자신의 여건에 따라 이곳저곳에 사료를 두기 때문이다. 그런데 이렇게 분산 급식을 하면 밥자리를 놓고 주민과의 갈등이 발생할 소지가 크다. 반면에 주민 동선에서 벗어난 곳에 고양이 급식소를 설치하는 것으로 제한하고, 캣맘들이 고양이 급식소를 깨끗이 관리하면 길고양이와 주민 간의 갈등을 줄일 수 있다. 길고양이의 사냥 능력이 살아날 수도 있다. 부족한 먹이를 해결해야 하므로 사냥 욕구가 높아진다. 도시에서 지나치게 개체 수가 늘어난 비둘기를 억제한다면 길고양이에 대한 이미지도 훨씬 긍정적으로 바뀌리라 본다.

급식소를 설치해 캣맘들이 당당하게 사료를 줄 수 있게 하되 지정된 장소 이외에서는 주지 않게 하는 방식에 대한 의견을 담당 부서 공무원 두 명에게 물었다. 한 명은 그 방법이 맞으며 실제로 미국과 일본은 급식소 이외의 장소에서 먹이를 주면 과태료를 내게 하고 있다고 했다. 다른 한 명은 급식소를 싫어하는 주민도 있으므로 급식소 설치 자체가 쉽지 않은 상황이라고 말했다. 급식소가 마음에 들지 않아 부숴버리는 주민도 있어 급식소 설치가 그리 쉽지는 않다고 했다.

제한 급식에 대한 반론과 재반론

제한 급식에 대해 캣맘들에게서 다음과 같은 반론을 들었다. 첫째, 길고양이는 영역 동물이라 자신의 영역 안에 밥자리가 없으면 굶어 죽는다는 것이다. 둘째, 주민 동선에서 벗어난 곳에 고양이 급식소를 마련하기 어렵다는 것이다. 사실상 거주지가 아닌 곳이 없어 주택가 근처에 밥자리를 둘 수밖에 없다고 한다. 셋째, 캣맘들이 밥을 챙겨주는 지금도 길고양이가 충분히 밥을 먹을 수 없는데 제한 급식을 하면 더 많이 굶주리게 된다는 것이다.

이러한 의견에 대해서는 다음과 같이 생각한다. 고양이의 영역에 밥자리가 없으면 굶어 죽는다는 첫째 반론과 관련해서 길고양이가 영역에만 머물지 않는다는 점을 말하고 싶다. 동네고양이들을 관찰한 바로는 길고양이는 필요에 따라 상당히 먼 거리를 이동하며 산다. 특정 지점의 밥자리를 없앤다고 길고양이가 그 자리에서 가만히 앉아서 굶어 죽지는 않는다. 길고양이는 영역 동물이지만 서로의 영역이 중복되며 다른 길고양이의 영역을 통과하며 이동한다. 깜장이나 분홍코가 보여주듯이 뒷산고양이는 자신의 영역이 다른 곳에 있지만 먹이를 찾아 망고의 밥자리에 들렀다. 이쁜이의 밥자리도 골목고양이들이 공유했다.

따라서 분산된 밥자리를 몇몇 곳에 한정하여 집중해도 길고양이가 굶어 죽는 일은 없을 것이다. 그들은 다른 고양이와의 충돌을 감수하면서 급식 장소를 순회하며 먹을 것이다. 길고양이는 심지어 무리생활도 한다. 서로 경계하던 고양이들도 자주 마주치면 서서히 친교를 하며 어울린다. 먹이가 풍부한 곳에 많은 고양이가 무리 지어 사는 것은 이런 친교의 결과다. 고양이 급식소를 찾는 기간이 길어지면 길고양이들도 싸우지 않고 먹이를 나눠 먹을 가능성이 크다. 싸우는 것은 많은 에너지와 부상이 따르는 비효율적인 행동이기 때문이다. TNR을 하면 영역 본능이 약화되어 싸울 확률은 더 낮아진다.

주택가를 벗어난 곳에 고양이 급식소를 설치할 장소가 없다는 둘째 반론에 대해서는, 그래서 더욱 밥자리를 모아야 한다고 말하고 싶다. 흩어진 밥자리 수를 줄이면 사람들의 동선에서 벗어나는 설치 장소를 찾기 쉬울 것이다. 어떤 곳에 고양이 급식소를 설치해야 할까? 우선 주민이 동의하지 않는 곳은 적합하지 않다. 그런 점에서 경고문이 붙은 콧물의 밥자리는 적합하지 않으며 아무 반감이 없는 이면도로 할머니집 앞 밥자리는 적합하다. 자신의 집 가까이에 길고양이가 오는 것을 싫어하는 사람의 입장도 존

동네 할머니 한 분이 놓아둔 길고양이 집과 밥.
실제로 홍련은 이곳에서 밥을 해결하고 종종 집 안으로 들어갔다.

중해야 한다. 고양이 급식소가 관공서 주변에 많이 설치되는 것도 특정 개인의 집과 가깝지 않기 때문이다.

우선 사람들의 동선에서 벗어난 조경 공간이 좋다고 본다. 도시의 각 구역에는 주택들과 조금 거리를 둔 조경 공간들이 있다. 조경 공간이 아니어도 사람의 동선에서 벗어난 장소가 있을 것이다. 이런 곳에 고양이 급식소를 두고 해당 장소에서만 먹이를 주면 길고양이들이 먹이를 찾아 주택가로 모여드는 문제를 해결할 수 있다. 사람들의 동선에서 벗어나 있으므로 먹이 주기에 부정적인 사람이 급식소를 훼손할 가능성도 줄어들 것이다.

일단 장소를 잡아 고양이 급식소를 설치하면 함부로 훔치거나 파괴하지 못하게 해야 한다. 공공기관이 설치한 고양이 급식소를 훼손하면 형법

제141조(공용물의 파괴)에 따라 1년 이상 10년 이하의 징역에 처해진다. 개인이 설치한 급식소를 훼손해도 형법 제366조(재물손괴 등)에 따라 3년 이하의 징역, 700만 원 이하의 벌금에 처해질 수 있다. 이런 처벌 사항을 분명히 고지하고 집행해야 한다.

제한 급식을 하면 길고양이들이 충분히 먹을 수 없다는 셋째 의견에 대해서는 그것이 야생동물의 삶이라고 말하고 싶다. 야생동물은 제한된 먹이 조건에서 끊임없이 먹이 활동을 하며 산다. 길고양이도 그와 같은 삶을 사는 것이 자연의 법칙에 맞다.

길고양이와 함께 살기

천지불인

노자는 『도덕경』에서 '천지불인(天地不仁)'이라 했다. 직역하면 하늘과 땅, 즉 자연은 인자하지 않다는 말이다. 자연은 어질지 않아서 가엾다고 달리 행동하지 않으며 냉정한 법칙에 따라서 자신의 품에 사는 생명을 대한다. 그러나 무위자연(無爲自然)을 통해 모든 것을 조화롭게 만든다. 자연법칙에는 도덕이 없고 인위가 없다. 그런데 천지는 불인한 반면 인간은 인(仁)하다. 인간이 저지르는 수많은 악행을 보면 달리 생각할 수도 있지만, 인간에게는 생명을 가엾이 여기는 측은지심이 있다. 다만 그 측은지심이 자연보다 더 나은 결과를 가져온다는 보장은 없다.

캣맘들이 고양이 먹이를 주기 시작한 계기는 가여워 보이는 길고양이를 만나서가 대부분이다. 측은지심이 생기고 길고양이의 굶주림을 덜어주고 싶어 먹이를 준다. 도처에 굶주린 길고양이가 있다. 그런 길고양이를 만날 때마다 밥자리를 늘리게 된다. 밥자리가 생기면 늘어난 사료만큼 번식에 성공하거나 다른 길고양이가 찾아온다. 그런데 밥자리 주변 거주지에 사는 사람 중 누군가는 이를 싫어한다. 길고양이 밥자리 갈등은 이런 과정의 연속이다.

길고양이의 굶주림을 덜어주려면 되도록 많은 밥자리를 마련해야 한다고 생각할 수 있다. 그러나 길고양이의 굶주림을 모두 덜어주려 하지 않아도 된다. 눈앞에 길고양이가 있다는 것은 어떤 식으로든 그 고양이가 살기 위한 서식 조건을 확보하고 있음을 의미한다. 서식 조건을 확보하지 못했다면 그 길고양이는 거기 없을 테니까. 길고양이는 가축인가, 야생동물인가? 고양이는 인간의 집과 거리, 산과 들을 오가며 가축과 야생동물의 경계를 넘나들며 산다. 고양이는 가축과 야생동물의 성격을 모두 지녔다. 주인과 함께 집에 사는 집고양이는 가축이지만 주인 없이 스스로 삶을 영위하는 길고양이는 야생동물이다. 길고양이는 자생력이 있으며 사람의 도움이 없다고 무력하지 않다. 이곳에 먹을 것이 없으면 먹이가 있는 저곳으로 이동하며 먹이를 찾는다. 그 과정에서 다른 영역의 고양이들과의 충돌과 도태가 있겠지만 그런 불인(不仁)한 과정을 통해 해당 서식 조건에 맞는 적정 개체 수가 살게 된다. 그것이 자연의 법칙이다.

길고양이의 삶은 고달프다. 하지만 그것이 야생동물의 삶이다. 길고양이와 비슷한 동물인 삵은 매서운 자연환경 속에서 힘겹게 사냥하며 더 고달프게 산다. 그렇다고 삵에게 먹이를 줄 필요가 없는 것처럼 길고양이에게 배부르도록 먹이를 줄 필요는 없다. 인간의 거주지라는 야생에서 길고양이라는 야생동물은 자연의 법칙에 따라 살아야 한다.

동물에게 먹이를 주는 것은 의도하지 않는 결과를 낳기도 한다. 나는 지하철에 근무한다. 내가 전에 근무한 역 출구 근처에 작은 공원과 교각이 있었는데, 교각에 비둘기들이 살고 있었다. 그런데 누군가 공원에 비둘기들 먹으라고 쌀을 뿌려놓곤 했다. 그래서인지 비둘기들이 더 많아지고 역사 외부 엘리베이터 위의 구조물에도 비둘기들이 잔뜩 모여 살았다. 언제부터인가 엘리베이터 앞이 비둘기 똥으로 지저분하다는 민원이 들어왔다. 비둘기 똥에 맞았다는 사람도 있었다. 선의로 누군가가 비둘기에게 먹이를 주었지만 내겐 곤혹스러운 상황이 된 것이다. 그래서 썩 마음이 편하지는 않았지만 다른 부서의 협조를 얻어 비둘기가 모여 있는 엘리베이터 위 구조물에 철망을 둘러 그곳에 앉아 있지 못하게 했다.

먹이를 주면 그 길고양이만이 아니라 다른 길고양이도 모여든다. 나와 비둘기 간에 있었던 갈등이 어떤 사람과 길고양이 사이에 생길 수 있다. 따라서 어떤 장소에 길고양이 먹이를 두는 것을 주민이 싫어한다면 그곳에 두지 말아야 한다. 주민이 문제 삼지 않는 장소가 캣맘과 길고양이 모두에게 이상적인 밥자리다. 먹이를 주려 한다면 쉽지 않지만 그런 장소를 찾아 밥자리를 마련해야 한다. 길고양이는 원래 주려던 장소 대신 옮긴 장소를 찾아 먹이를 해결할 수 있다. 길고양이는 하루에 수 킬로미터를 이동하며 살 수 있는 동물이다. 그런 점에서 나는 고양이 급식소를 활용한 제한 급식을 제안한 것이다.

바젤의 비둘기 개체 수 조절

개체 수의 조절이 목적이라면 서식 조건을 통제하는 것이 가장 효과적이다. 서식 조건을 통제해 도시 내 동물의 개체 수를 조절한 성공 사례에는 스위스 바젤시의 비둘기 개체 수를 조절한 것이 있다. 길고양이처럼 비둘기 개체 수의 증가도 세계 곳곳에서 문제가 되고 있다. 비둘기의 배설물과 깃털로 환경이 불결해지고 질병이 우려되고 있다. 또 배설물 속 요산에 건축물이 부식되어 안전 문제도 생기고 있다.

비둘기 개체 수를 조절하기 위해 포획해 제거하는 방법, 비둘기 먹이에 불임약을 넣은 방법, 둥지에 가짜 알을 넣는 방법, 포식자인 매를 인위적으로 도시에 방사하는 방법 등 다양하게 시도했지만 별 효과가 없었다. 이에 바젤에서는 비둘기의 먹이원을 통제하는 방법을 추진했다. 사람들이 비둘기에게 먹이를 주지 않도록 홍보해 비둘기 개체 수 조절에 성공했다.

약 2만 마리의 비둘기가 서식하는 바젤에 그 배설물로 각종 피해가 발생했다. 이에 1988년 바젤시 당국, 바젤 대학, 바젤 동물보호협회가 제휴해 비둘기 개체 조절 프로그램을 시작했다. '비둘기에게 먹이를 주는 것은 동물 학대'라는 슬로건으로 먹이 주기 금지 캠페인을 시작하고 홍보물과 포스터를 도시 곳곳에 배포했다. 홍보물에는 질병과 기생충에 감염된 새끼 비둘기의 사진과 함께 먹이 주기가 개체 수 과잉을 불러오고 이로 인해 생존 조건이 열악해지는 연관 관계를 일목요연하게 설명하는 글도 넣었다.

동시에 비둘기 개체군을 건강하게 유지하기 위해 1988~1991년에 걸쳐 아파트형 비둘기집을 만들었다. 비둘기집은 관리인이 매주 청소하고 질병이나 기생충이 발생하면 수의사가 진료·조치했다. 관리인은 비타민과 미네랄을 첨가한 빻은 곡물만 먹이로 주고 다른 먹이는 전혀 주지 않았다. 번식 조절을 위해 알을 낳으면 제거하고 가짜 알로 교체했다. 알만 제거하면 새로 짝짓기를 하고 번식하므로 가짜 알을 넣어 계속 알을 품도록 하여 번식을 억제한 것이다. 이렇게 철저히 관리되는 비둘기집 주변에 인간과 비둘기가 만나는 장소를 지정해 그곳에서만 먹이를 주는 것이 허용되었다.

바젤에서 13개의 대표적 비둘기 집단을 모니터링했는데 먹이 공급원이 줄어들자 경쟁이 심해져 먹이 활동에 많은 시간을 보내는 대신 번식 활동은 줄었다. 또 먹이원이 제한되어 군집 크기가 늘어나지 않았다. 결과적으로 13개 집단의 개체 수가 1988년 1400마리에서 1992년 708마리로 감소했다. 바젤시 전체의 비둘기 개체 수도 2만 마리에서 1만 마리로 줄었다.[16]

동물의 개체 수는 서식 조건, 특히 먹이 여건에 의해 좌우된다. 정해진 장소에서만 비둘기 먹이를 주고 군집을 건강하게 관리했던 바젤의 사례는 길고양이에게도 적용할 만하다. 고양이 급식소를 정해 먹이를 주고 그곳을 중심으로 길고양이 군집을 관리한다면 효과적으로 개체 수를 관리하면서 주민과의 충돌도 줄일 수 있다.

아무것도 하지 않기

인간과 길고양이의 공존을 위해 무엇을 해야 할까? 먼저, 길고양이가 주변에 있는 것을 호의를 가지고 받아들이되 아무것도 하지 않을 것을 권한다. 길고양이를 존중하지만 인위적인 도움을 주지 않는 것이다. 물론 학대 따위를 해서도 안 된다. 인위적 포획이나 안락사도 안 된다. 사람은 사람의 길을 가고 길고양이는 길고양이의 길을 가는 것이다. 야생동물과 인간이 서로 거리를 두고 간섭하지 않을 때 오롯이 자연법칙에 따라 조화로운 생태계가 구현된다.

길고양이는 자연법칙에 따라 해당 지역에 맞는 개체 수만큼 자유롭게 살아야 한다. 먹이는 욕지도의 생선 해체물처럼 자연적으로 접근할 수 있는 음식이다. 도시라면 음식물 쓰레기 분리수거 체계가 막지 못한 음식 찌꺼기를 찾아서 먹는다. 그리고 부족한 부분은 쥐나 비둘기 같은 동물을 사냥하면서 온전한 야생동물로 사는 것이다. 그러면 지금보다 적은 수의 길고양이가 살겠지만, 인간의 거주지 내 생태계의 정점에 있는 진정한 야생동물로서 살아갈 것이다. 인간에 의존하지 않고 독자적으로 살아가는 길고양이는 멋진 야생동물이다. 그런 길고양이라면 사람들이 밉지 않은 눈으로 볼 것이다. 길고양이 수가 줄면 발정음과 싸우는 소리도 줄어 인간과의 갈등 소지도 줄어들 것이다. 배고픈 길고양이가 쓰레기봉투를 뜯는 문제는 음식물 쓰레기 분리수거를 더 확실히 하면 해소할 수 있다.

과거에는 사람들과 길고양이가 자연스러운 흐름에 따라 살았다. 고양이 천국이라는 모로코나 터키에서는 지금도 이런 방식으로 산다. 일본의 아이노시마 같은 고양이섬에서도 그러하다. 그냥 그들과 함께 흘러간다. 사람과 길고양이가 오랫동안 같이 살아온 모습이다. 우리나라도 생선 해체물이나 음식 찌꺼기에 접근하기 좋고 설치류 같은 작은 동물이 많은 농어촌에서는 이러한 방식으로 사람과 길고양이가 공존하기 쉬울 것이다.

해야 할 일이 있긴 하다. 연해주에 사는 호랑이나 도시에 사는 길고양이든 야생동물에 대해 똑같이 인간의 위해를 막아야 한다. 야생동물을 보호하려면 크게 두 가지를 해야 한다. 서식지 파괴를 막는 일과 밀렵을 막는 일이다. 길고양이가 그들의 서식지인 사람 동네에서 살아가는 것을 받아들여야 한다. 그리고 길고양이에 대한 학대를 막아야 한다. 이는 야생동물에 대한 비정상적인 위해이며 법적으로는 범죄행위다.

먹이를 주려 한다면

그렇다면 아이노시마처럼 길고양이 삶에 관여하지 않는 방식이 우리나라에도 보편화될 수 있을까? 쉽지 않을 것이다. 불쌍한 길고양이를 돌보아야 한다는 마음은 이미 많은 사람의 마음속에 깊이 자리 잡았다. 측은지심이란 새로운 서식 조건이 널리 확장되었다. 길고양이와의 공존은 자연법칙만이 아니라 인간의 법칙도 적용되는 과제가 되었다.

아무것도 하지 않는 것이 최선의 방안이라 생각하지만, 사람들에게 정서적으로 수용되기 어려운 단점이 있다. 특히 캣맘들이 많은 도시 지역에서는 더 실행하기 어렵다. 그래서 어떤 지역에서 최선의 방안을 실행하기 어렵다면 사회적 합의를 통해 차선을 실행해야 할 것이다. 그 차선이 앞서 제안한 고양이 급식소, 제한 급식, TNR 등을 연계한 방안이다. 이 차선책도 먹이양에 제한을 두어 길고양이를 일정 개체 수에 머물게 한다는 점에서 아무것도 하지 않는 최선의 방식과 같다.

고양이 급식소와 연계한 방안을 추진한다면 다음과 같은 것이 필요하다. 우선 길고양이에게 밥을 주고 싶은 사람이 이 방안을 받아들여야 한다. 밥자리가 계속 늘어나는 것이 사람과 길고양이 모두에게 좋은 일이 아니라는 점에 대한 사회적 합의가 있어야 한다. 길고양이 밥자리가 늘어날수록 사람과 길고양이 간의 갈등이 커지고, 길고양이 밀도 증가로 서식 조건이 나빠진다는 것에 대한 공감대가 필요하다. 또한 주민과의 충돌이 적은 곳을 고양이 급식소로 정해야 한다. 장소 선정에 주민의 이해도 구해야 한다. 앞서 말했듯 급식소를 산뜻하게 꾸미고 취지를 분명히 적어놓는 것이 좋다. 동시에 그 시설을 망가뜨릴 때의 형사적 책임도 표기해야 한다.

고양이 급식소 운영에는 캣맘들의 참여가 필요하다. 고양이 급식소에 대한 민원이 발생하지 않게 하려면 설치 후 관리가 제대로 되어야 한다. 이를 위해서는 급식소를 깨끗이 관리하고 주변의 배설물이나 쓰레기를 정리해야 한다. 고양이 급식소에 대해 불만을 가진 주민과 소통하는 노력도 필요하다. TNR과 고양이 급식소 운영의 취지에 대한 주민의 이해를 구해야 한다. 그리고 고양이 사료가 아닌 다른 음식물을 급식소에 가져다 놓아 냄새와 벌레가 생기지 않게 안내해야 한다. 또한 사료의 양도 적절히 관리해 과잉되지 않게 해야 한다. 사료는 야간에 주고 날이 밝으면 치워두어야 한다. 낮에 사료가 있으면 길고양이가 주민들의 눈에 더 자주 띄게 되며 뜻하지 않게 비둘기에게 먹이를 주게 된다.

다음으로 제한된 TNR의 효율성을 높이도록 지자체와 캣맘들의 협력이 필요하다. 캣맘들은 그 지역 길고양이를 잘 알고 있다. 캣맘들은 번식 활동이 활발한 개체를 먼저 중성화 수술을 받게 안내하고 적절한 포획 지점과 방사 지점도 알려줄 수 있다. 또 포획할 때에는 2시간 이내의 주기로 포획틀을 확인해 포획된 고양이의 상처나 스트레스를 최소화하는 것이 필요한데, 캣맘들이 이러한 확인 작업을 해줄 수 있다. 이처럼 체계적인 노력이 있어야 고양이 급식소가 사람들의 이해 속에서 운영될 수 있다.

유기묘 문제

길고양이는 번식으로 생겨나지만 유기에 의해서도 발생한다. 고양이를 키우다가 여건이 안 되거나 이사하면서 버리는 것이다. 반려묘는 대부분 실내에서 키우는데 털 빠짐이 심해서 이에 대한 관리가 안 되면 키우기 어렵다. 개체에 따라 행동 제어가 안 되기도 한다. 오래 키우다 싫증이 나서 버리기도 한다. 이렇게 버려진 고양이들은 결국 길고양이가 된다.

농림축산식품부의 「2018년 반려동물 보호·복지 실태조사 결과」에 따르면 2018년에 유기되어 구조된 동물 수는 12만 1077마리로 그중 고양이는 2만 8090마리다. 연도별로 보면 2011년 3만 9195마리에서 2014년 2만 966마리까지 감소하다가 이후 2018년 2만 8090마리까지 증가했다. 편차가 있지만 매년 2~3만 마리의 고양이가 유기되고 있다. 또 이는 공식적으로 구조된 유기묘만을 산정한 것이므로 이보다 훨씬 많은 수가 버려지고 있을 것이다.

유기묘의 증가는 고양이 사육 개체 수가 늘어난 것과 비례한다. 고양이 사육 개체 수는 2012년 115만 마리, 2015년 189만 마리, 2018년 191만 마리로 빠르게 증가하고 있다. 고양이를 기르는 가구 수도 2012년 68만 가구, 2015년 110만 가구, 2018년 112만 가구로 빠르게 늘고 있다. 2018년 기준으로 보면 1가구당 키우는 고양이는 1.7마리로, 2마리 이상 키우는 가구가 상당수 있다. 앞으로도 고양이 사육 수는 계속 늘 것으로 보여 유기묘를 막는 방안이 필요한 시점이다.

유기묘를 막기 위해서는 유기견 방지 대책을 고양이에게도 확대 적용해야 한다. 동물등록 확대, 입양 활성화, 중성화 수술 활성화 등이다. 우선 유기 방지를 위해 고양이에 대한 동물등록을 확대해야 한다. 동물등록제는 반려동물의 유기를 막고 혹 잃어버렸을 때 쉽게 찾기 위해 시행한 제도다. 동물병원 등 동물등록대행기관에서 할 수 있으며, 반려동물과 보호자에 대한 정보가 들어간 내장형 무선식별장치를 삽입하는 방식, 외장형 무선식별장치를 부착하는 방식, 등록인식표를 부착하는 방식이 있다.

동물등록제는 반려견을 대상으로 2014년 1월 1일부터 전국에서 실시되었다. 그런데 그 대상을 반려묘로 확대해야 한다는 의견이 많았다. 이에 2018년부터 17개 시·군·구를 대상으로 반려묘의 동물등록제가 시범 실시되었고, 2020년에는 서울과 경기 전 지역으로 확대·실시되고 있다. 수도권에서 동물등록제가 정착되면 전국 확대도 충분히 가능할 것이다. 고양이의 동물등록은 내장형 식별장치를 삽입하는 방식으로만 실시되고 있다. 고양이는 그루밍을 많이 하는데 이 과정에서 외장형 식별장치나 인식표가 분리되어 유실될 가능성이 크기 때문이다.

유기묘에 대한 입양 활성화도 이루어져야 한다. 펫숍이 아니라 유기동물보호소에서 고양이를 분양받아 키우는 것이 보편화되어야 한다. 고양이에 대해선 개와 달리 품종묘에 대한 선호가 약하기 때문에 적극적으로 홍보하면 입양이 더 수월할 것이다. 키울 수 없게 된 고양이를 유기동물보호소로 데려올 수 있게 하고 재입양될 수 있는 통로를 마련하는 것도 유기묘를 줄이는 방법이다. 이 경우 고양이를 유기동물보호소에 맡기는 사람은 일정 비용을 부담해야 할 것이다.

입양 프로그램이 활성화되면 고양이 공장을 막는 효과도 있다. 일부 품종묘를 선호하는 사람이 있어 우리나라에도 고양이 공장이 적발된 사례가 있다. 고양이 공장에서 어미 고양이는 좁은 케이지 안의 열악한 환경에서 계속 새끼만 낳으며 참혹하게 살다 죽는다. 상업적인 경로가 아닌 입양 프로그램으로 고양이를 분양받는 사람이 많을수록 고양이 공장은 채산성이 맞지 않아 사라질 것이다.

길고양이의 TNR만이 아니라 집고양이의 중성화 수술도 보편화되어야 한다. 번식을 통제하지 않으면 감당할 수 없을 정도로 새끼가 늘어나 유기로 이어지게 된다. 또 인위적으로 교미를 막으면 고양이도 욕구불만으로 고통스럽다. 발정기 때 집 밖으로 나가서 돌아오지 않아 유기묘가 되기도 한다. 거문도에서처럼 풀어서 키우는 외출냥이가 길고양이가 되어 번식하는 문제를 막기 위해서도 중성화 수술이 필요하다. 집고양이가 새끼를 낳지 않아도 입양을 통해 원하는 사람은 반려묘를 품을 수 있다. 일단 고양이를 키우기로 했다면 반드시 중성화 수술을 해줄 것을 권한다.

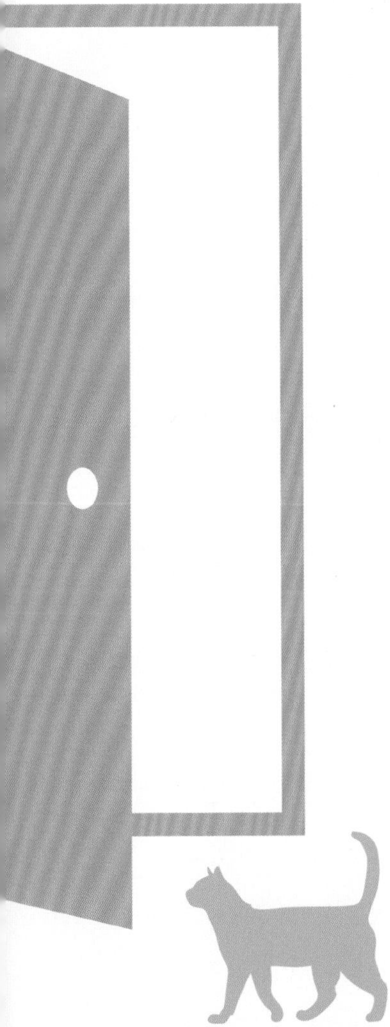

여러 장소에서 많은 길고양이를 만나 관찰했다. 망고 모녀와 뒷산고양이, 이쁜이와 골목고양이, 꽃분이와 농촌 고양이, 욕지도 섬 고양이, 공원과 산림에서 만난 들고양이, 모두 아름답고 정감이 가는 존재들이었다. 길고양이는 여러 환경에 유연하게 적응하여 무어리 특정할 수 없는 다양하고 매력적인 모습을 보여주었다. 그리고 길고양이 주변에는 사람이 있었으며 다양한 관계 맺기를 하고 있었다. 대부분 서로를 무심하게 지나쳤지만, 길고양이를 애정으로 돌보는 캣맘도 있었다. 직접 만나지는 못했지만 길고양이를 학대하는 사람 이야기를 언론 보도로 접했다.

가장 보기 좋았던 모습은 망고 모녀와 그들을 돌보는 캣맘들이었다. 망고와 콩쥐가 잘 살도록 돌보면서 중성화 수술까지 시키는 모습들은 정말 훈훈해 보였다. 그렇게 인간과 길고양이가 공존하면 될 듯했다. 그러나 관찰을 계속하면서 문제가 그리 간단하지 않음을 알았다. 뒷산과 동네에 자꾸 밥자리가 늘어나면서 길고양이 수가 점점 늘어났다. 동네 여기저기에 고양이 밥을 주지 말라는 경고문이 붙었고, 좁은 공간에 이렇게 많은 길고양이가 살아도 될까 하는 걱정도 들었다. 특히 뒷산에서는 다른 동물들에게 좋지 않은 영향을 줄 여지도 있었다.

길고양이를 관찰하고 자료를 조사하면서 인간과 길고양이의 공존에 대해서 생각했다. 그 결과 어쨌든 길고양이 수가 무한정 늘어나서는 안 된다는 결론에 이르렀다. 이에 따라 두 가지 방안을 제안하고 싶어졌다. 하나는 길고양이에 대해 아무것도 하지 않는 것이다. 다른 하나는 고양이 급식소에서만 제한 급식을 하면서 TNR을 하는 것이다.

아무것도 하지 않는 방안은 길고양이가 야생동물이기 때문이다. 인간과 야생동물은 서로 거리를 두고 개입하지 않는 것이 가장 바람직한 공존 방식이다. 아무것도 하지 않는 게 최선이라니, 나로서도 마음이 썩 좋지 않다. 혹독한 상황에서 살아가는 길고양이를 모른 체하는 것이 맞다고 하려니까 심정이 불편하다. 그러나 그런 혹독한 상황이 모든 야생동물이 사는 조건이다. 길고양이는 인간의 거주지 주변을 영역으로 개척한 야생동물이며 서식 조건에 따라 개체 수가 결정되는 것이 자연의 법칙이다. 야생고양이가 인간 거주지에 정착한 이래로 오랫동안 인류와 길고양이는 그런 자연법칙에 따라 살았다. 인간은 특별히 그들을 돌보지도 학대하지도 않았고 길고양이는 인간이 배출하는 음식 부산물과 설치류를 먹으며 주체적으로 살았다.

아무것도 하지 않는 방안은 최선이지만 정서적으로 받아들이기 어려운 면이 있다. 만일 어떤 지역에서 최선을 실행할 수 없다면 차선으로 TNR과 연계해 고양이 급식소에서 제한 급식을 할 것을 제안한다. 차선책인 이유는 야생동물을 자연법칙에 따라 살게 하지 않고 반(半)사육 조건에 있게 하기 때문이다. 반사육 상태에서 길고양이의 자생력은 약화된다. 그리고 인위적 관리에는 많은 노력과 예산이 필요하다. 또 고양이 혐오자들의 급식소에 대한 거부감과 제한 급식에 대한 캣맘들의 반대 감정을 동시에 극복해야 한다. 이처럼 여러 단점에도 차선을 제안한 것은 주민 간의 갈등 문제를 제한 급식과 TNR을 통해 완화할 수 있기 때문이다.

우선 먹이양의 한도를 두어 개체 수를 일정 수준으로 유지할 수 있다. 그리고 중성화 수술을 통해 발정음이나 싸우는 소리를 내지 않아 주민과 갈등 소지도 줄일 수 있다. 또 주거지와 조금 거리를 두고 급식소를 설치하면 사람과 길고양이의 접촉을 줄일 수 있다. 극단적인 고양이 혐오자도 있지만, 대부분은 길고양이에 대해 무심하다. 다만 길고양이가 자신의 집 주위에 모여들면 싫어한다. 그래서 갈등의 소지가 적은 장소에 고양이 급식소를 둔다면 주민의 불만을 줄일 수 있다. 이 방식은 길고양이를 완선히 버려두지 않으면서 주민이 길고양이를 꺼리는 점도 고려하기에 정서적으로 수용될 가능성이 있다고 생각한다. 길고양이와 공존하면서 사람들끼리 갈등하지 않으려면 캣맘과 길고양이를 꺼리는 주민이 서로의 생각을 이해하고 절충할 필요가 있다.

사실 인간에게 다른 생물 종의 적정 개체 수를 왈가왈부할 권한은 없다. 그렇지만 길고양이 먹이 주기의 한도를 말하는 것은 캣맘과 주민 간의 갈등을 막기 위해서뿐만 아니라 생태계의 균형 때문이기도 하다. 길고양이를 외래 동물로 규정하고 생태계에서 배제해야 한다는 입장에는 동의하지 않는다. 고양이는 삼국 시대부터 우리나라 자연환경 속에서 살아왔다. 같은 종의 일부가 집고양이로 산다고 길고양이가 생태계 구성원에서 배제될 이유는 없다. 다만 인간의 지원을 받아 먹이를 안정적으로 확보하고 과잉 증식하면 문제가 된다. 길고양이를 보호하되 생태계 전체의 건강도 고려해야 한다.

그리고 길고양이를 좀 더 무던한 눈으로 보아주었으면 한다. 사실 그들이 미치는 영향은 사람이 살기 어려울 정도로 심각하지 않다. 싸우는 소리와 발정음, 쓰레기봉투를 뜯는 것이 그렇게 심각한 피해를 주는가? 거슬리기는 하지만 길고양이를 혐오할 정도의 치명적인 문제는 아니다.

어떤 사회에서 얼마큼의 길고양이가 살 수 있는지는 주민이 정서적으로 수용할 수 있는 정도에 달렸다. 터키나 모로코처럼 무한 수용할 수 있는 곳이라면 많은 길고양이가 사람들 주변에 살겠지만, 우리나라처럼 못마땅해하는 사람이 많은 곳은 끊임없이 길고양이를 둘러싼 갈등이 벌어진다. 좀 더 넉넉한 마음으로 길고양이를 보면 어떨까 생각한다. 욕지도와 주말집이 있는 농촌에서 만났던 주민들은 길고양이가 썩 마음에 들지는 않지만 그들의 존재를 인정하고 함께 살아가는 것을 받아들였다. 특별히 위하지 않더라도 그런 정도이면 인간과 길고양이가 공존할 수 있지 않을까 싶다.

공존에 대한 진통이 있지만, 길고양이는 인간이 정착한 곳이면 어디든 산다. 길고양이는 사람 주변에 살기를 적극적으로 선택한 동물이다. 그리고 길고양이는 탁월한 적응력을 가졌다. 농촌과 어촌, 야산과 도시를 가리지 않고 적응했다.

길고양이의 생활상은 다양하다. 그들은 집고양이와 미묘하게 연결되어 반려동물과 야생동물의 경계를 넘나들며 산다. 길고양이의 모호하면서 아름다운 모습에 인간은 매료되어 이끌린다. 그리고 길고양이는 쥐의 활동을 억제해 각종 질병의 확산을 막고 사람이 사는 곳을 좀 더 편안한 장소로 만들어준다.

길고양이에 대한 호불호가 있지만 이런 요소들의 상호작용으로 앞으로도 인간은 길고양이와 함께 살게 될 것이다. 인간과 길고양이는 어차피 같이 살 운명이다. 그렇다면 길고양이를 무던한 눈으로 바라보고 존중하며 같이 흘러갔으면 한다. 사람이 사는 동네 어디든 길고양이가 산다!

| 주 |

1부 동네마다 있는 길고양이

01 Claudio Ottoni et. al., "The palaeogenetics of cat dispersal in the ancient world," *Nature Ecology & Evolution*, vol. 1, 19 June 2017.

02 야마네 이키히로 지음, 홍주영 옮김, 2019. 『고양이 생태의 비밀』, 끌레마, pp. 23~24.

03 스티븐 부디안스키 지음, 이상원 옮김, 2005. 『고양이에 대하여』, 사이언스북스, pp. 47~48.

04 위의 책, p. 231.

05 위의 책, pp. 14~15.

06 위의 책, pp. 138~139.

07 애비게일 터커 지음, 이다희 옮김, 2018. 『거실의 사자』, 마티, pp. 64~65.

08 스티븐 부디안스키 지음, 이상원 옮김, 2005. 앞의 책, pp. 17~18.

09 강석기, 「집고양이, 들고양이와 일부 유전자 달라」, *The Science Times*(https://www.sciencetimes.co.kr), 2014. 11. 14.

10 팸 존슨 베넷 지음, 최세민 옮김, 2017. 『고양이처럼 생각하기』, 페티앙북스, pp. 123~124.

11 애비게일 터커 지음, 이다희 옮김, 2018. 앞의 책, pp. 73~74.

12 이용한 · 한국고양이보호협회, 2018. 『(공존을 위한) 길고양이 안내서』, 북폴리오, pp. 32~35.

13 스티븐 부디안스키 지음, 이상원 옮김, 2005. 앞의 책, pp. 70~74.

14 위의 책, pp. 10~11.

15 이학범, 「'반려동물 기른다' 응답 27.9%… 개 평균 1.5마리, 고양이 평균 1.7마리 양육」, 〈데일리벳〉(https://www.dailyvet.co.kr), 2018. 10. 25.

16 애비게일 터커 지음, 이다희 옮김, 2018. 앞의 책, p. 12.

17 조홍섭, 「서울 길고양이 20만 마리, 이웃으로 사는 해법 없나」, 〈한겨레〉, 2015. 10. 16.

18 애비게일 터커 지음, 이다희 옮김, 2018. 앞의 책, pp. 94~98.

19 야마네 이키히로 지음, 홍주영 옮김, 2019. 앞의 책, pp. 23~32.

20 이용한, 2013. 『흐리고 가끔 고양이』, 북폴리오, pp. 80~81.

21 이용한, 2014. 『여행하고 사랑하고 고양이하라』, 북폴리오, p.182.

22 스티븐 부디안스키 지음, 이상원 옮김, 2005. 앞의 책, p. 48.

23 진중권, 『고로 나는 존재하는 고양이』, 천년의상상, 2017, pp. 127~134.

2부 뒷산 고양이

01 고은경, 「길냥이 수난시대… 지난해 로드킬 당한 길고양이 6,600마리」, 〈한국일보〉, 2018. 10. 21.
02 고경원, 2013. 『고경원의 길고양이 통신』, 앨리스, pp. 200~208.
03 야마네 이키히로 지음, 홍주영 옮김, 2019. 앞의 책, pp. 118~119.
04 위의 책 pp. 96~98.
05 스티븐 부디안스키 지음, 이상원 옮김, 2005. 앞의 책, pp. 222~223.
06 위의 책, pp. 102~103.
07 야마네 이키히로 지음, 홍주영 옮김, 2019. 앞의 책, p. 137.
08 위의 책, pp. 161~167.
09 스티븐 부디안스키 지음, 이상원 옮김, 2005. 앞의 책, pp. 92~96.

3부 골목고양이

01 야마네 이키히로 지음, 홍주영 옮김, 2019. 앞의 책, pp. 206~209.
02 핫토리 유키 지음, 이용택 옮김, 2016. 『고양이의 기분을 이해하는 법』, 살림출판사, p. 72.
03 이용한, 2009. 『안녕, 고양이는 고마웠어요』, 북폴리오, pp. 171~172.
04 야마네 이키히로 지음, 홍주영 옮김, 2019. 앞의 책, p. 138.
05 스티븐 부디안스키 지음, 이상원 옮김, 2005. 앞의 책, p. 85.
06 이용한, 2009. 앞의 책, p. 64.
07 스티븐 부디안스키 지음, 이상원 옮김, 2005. 앞의 책, pp. 98~99.
08 야마네 이키히로 지음, 홍주영 옮김, 2019. 앞의 책, p. 102.
09 스티븐 부디안스키 지음, 이상원 옮김, 2005. 앞의 책, pp.107~111.
10 야마네 이키히로 지음, 홍주영 옮김, 2019. 앞의 책, pp. 86~93.
11 위의 책, pp. 106~107.
12 M. C. Andersen et. al., "Use of matrix population models to estimate the efficacy of euthanasia versus trap-neuter-return for management of free-roaming cats," *Journal of the American Veterinary Medical Association,* 225(12), Dec. 2004.

4부 다른 동네 고양이

01 스티븐 코들러 지음, 서민아 옮김, 2018. 『인간은 개를 모른다』, 필로소픽. pp. 110~111.
02 팸 존슨 베넷 지음, 최세민 옮김, 2017. 앞의 책 p. 367.
03 스티븐 부디안스키 지음, 이상원 옮김, 2005. 앞의 책, pp. 23~25.

04 애비게일 터커 지음, 이다희 옮김, 2018. 앞의 책, pp. 237~246.
05 팸 존슨 베넷 지음, 최세민 옮김, 2017. 앞의 책, p. 389.
06 야마네 이키히로 지음, 홍주영 옮김, 2019. 앞의 책, pp. 157~158.
07 박초롱, 「길고양이, 서울대공원 동물원 '가족'되다」, 〈연합뉴스〉, 2017. 7. 4.
08 한성용 외, 2001. 『들고양이 서식실태 및 관리방안연구』, (사)한국야생동물연구소, pp. 60~66.

5부 길고양이는 야생동물이다

01 페터 볼레벤 지음, 장혜경 옮김, 2017. 『동물의 사생활과 그 이웃들』, 이마, p. 269.
02 이강원, 「고양이의 등장에 해고당한 족제비」, 노트펫(https://www.notepet.co.kr), 2019. 6. 7.
03 최태규, 「1년에 동물 24억 마리를 해치는 귀여운 포식자를 사랑하는 인간」, https://post.naver.com/viewer
04 김지혜, 「길냥이 200만 마리 살처분… 호주, 고양이 잡기 현안 된 까닭」, 〈중앙일보〉, 2019. 4. 27.
05 애비게일 터커 지음, 이다희 옮김, 2018. 앞의 책, pp. 156~158.
06 이용한, 2009. 앞의 책, pp. 328~329.
07 한성용 외, 2001. 앞의 책, pp. 45~59.
08 김효인, 「새 사냥 막으려… 고양이 목에 목도리 달기」, 〈조선일보〉, 2019. 7. 25.
09 Robert J. McCarthy et al. 2013. "Estimation of effectiveness of three methods of feral cat population control by use of a simulation model." *Journal of the American Veterinary Medical Association*, 243(4), Aug. 2013.
10 스티븐 부디안스키 지음, 이상원 옮김, 2005. 앞의 책, p. 228.
11 김진화, 「'생태계 폭군' 된 냥이들… 상생 방법은 없을까요」, KBS NEWS, 2019. 7. 25.
12 조홍섭, 「'외출냥이'는 밤에 어딜 갈까」, 〈한겨레〉, 2020. 3. 26.
13 황대권, 『야생초 편지』, 도솔, 2012, pp. 77~79.
14 이용한, 2009. 앞의 책, pp. 328~329.
15 애비게일 터커 지음, 이다희 옮김, 2018. 앞의 책, pp. 84~87.
16 손미혜, 「고양이 오줌이 쥐의 행동을 통제한다」, 〈뉴스1〉, 2015. 7. 24.
17 잭슨 갤럭시 외 지음, 이현주 옮김, 2019. 『고양이 본능사전』, 미래의 창, p. 46.
18 스티븐 부디안스키 지음, 이상원 옮김, 2005. 앞의 책, pp. 141~144.
19 야마네 이키히로 지음, 홍주영 옮김, 2019. 앞의 책, pp. 121~124.
20 스티븐 부디안스키 지음, 이상원 옮김, 2005. 앞의 책, pp. 146~147.
21 위의 책, pp. 215~221.
22 핫토리 유키 지음, 이용택 옮김, 2016. 앞의 책, p. 45.
23 잭슨 갤럭시 외 지음, 이현주 옮김, 2019. 앞의 책, pp. 64~65.

24 핫토리 유키 지음, 이용택 옮김, 2016. 앞의 책, p. 55.

25 이용한, 2009. 앞의 책, pp. 67~68.

26 스티븐 부디안스키 지음, 이상원 옮김, 2005. 앞의 책, pp. 90~91.

27 위의 책, pp. 132~136.

28 잭슨 갤럭시 외 지음, 이현주 옮김, 2019. 앞의 책, pp. 58~59.

6부 길고양이와의 공존

01 장슬기, 「또 부산 길고양이 학대 사건 "사람이었다면"」, 〈미디어오늘〉, 2019. 6. 14.

02 이동구, 「동물 학대하는 심리는?」, 〈YTN 사이언스 투데이〉, 2019. 2. 27.

03 김보경, 「길고양이가 안전하다면… "야! 그 동네 살기 좋네!"」, 〈한국일보〉, 2019. 9. 7.

04 유주연, 『당신이 문득 길고양이와 마주친다면』, 비타북스, 2019, pp. 196~197.

05 이용한, 2009. 앞의 책, pp. 32~35, 62~63.

06 김남권, 「태국서 원숭이 수백 마리 '패싸움'… 관광객 급감에 먹이 줄어서」, 〈연합뉴스〉, 2020. 3. 13.

07 이용한, 2009. 앞의 책, p. 301쪽.

08 애비게일 터커 지음, 이다희 옮김, 2018. 앞의 책, p. 292.

09 남종영, 「캣맘들은 안다, 수컷 두목이 누구인지를」, 〈한겨레〉, 2013. 6. 16.

10 원낙연, 「서울시 '중성화' 10년… '길냥이' 4년간 44% 감소」, 〈서울&〉, 2018. 2. 22.

11 방진혁, 「눈 가리고 야옹? 서울시, '길냥이'중성화사업 과장 논란」, 〈서울경제〉, 2020. 7. 26.

12 이기림, 「'이전 논란' 강동구청 길고양이 쉼터 다른 건물로 옮긴다」, 〈뉴스1〉, 2018. 6. 7.

13 이병욱, 「용산가족공원에 길고양이 급식소가 사라진 이유」, 〈뉴스1〉, 2017. 10. 22.

14 애비게일 터커 지음, 이다희 옮김, 2018. 앞의 책, p. 121.

15 야마네 이키히로 지음, 홍주영 옮김, 2019. 앞의 책, pp. 80~81.

16 유정칠 외, 2009. 『유해 집비둘기 관리방안』, 경희대학교 조류연구소, pp. 125~126.

사람동네 길고양이

초판 1쇄 발행일 2022년 2월 24일

지은이 우재욱
펴낸이 이원중

펴낸곳 지성사 **출판등록일** 1993년 12월 9일 **등록번호** 제10-916호
주소 (03458) 서울시 은평구 진흥로 68, 2층
전화 (02) 335-5494 **팩스** (02) 335-5496
홈페이지 www.jisungsa.co.kr **이메일** jisungsa@hanmail.net

ISBN 978-89-7889-488-3 (03470)